초등 아이를 위한
워킹맘의
야무진 교육법

초등 아이를 위한
워킹맘의 야무진 교육법

— **임명남** 지음 —

팜파스

Prologue

아이 엄마가 일을 하면서 아이를 키운다는 게 쉽지 않습니다. 그래서 항간에는 대한민국에서 한 여자가 성공하기 위해서는 두 사람의 희생이 따른다고들 합니다. 일하는 엄마를 위해 시어머니 또는 친정엄마와 아이가 많은 부분을 양보하고 희생해야 한다는 말이지요. 아이를 키우면서 내 일을 한다는 게 그만큼 어렵고 힘들다는 이야기입니다.

육아나 보육 환경이 우리나라처럼 열악한 곳에서 엄마로 살면서 내일을 해낸다는 건 마치 곡예를 하는 것과 같습니다. 어찌나 힘이 드는지 일하는 엄마는 한순간도 긴장을 풀 수가 없습니다. 그래서 지금 이순간에도 수많은 일하는 엄마가 '집에서 아이 키우는 데 전념하는 게 좋지 않을까? 괜히 내 일 한답시고 아이만 고생시키는 게 아닐까?'라

는 고민을 합니다.

일하는 엄마 입장에서는 이런 고민과 갈등은 아이가 초등학교에 들어가면 더 심해집니다. 초등학교 저학년의 경우 유치원생들보다 빨리 수업이 마치기 때문에 본의 아니게 아이 혼자 있어야 하는 시간도 길어져 하교 후 시간을 어떻게 보내게 해야 할지 고민입니다. 최근 들어 학교마다 '돌봄 교실'이나 '방과후 교실' 같은 것들이 많이 운영되고 있기는 하지만, 그래도 엄마아빠 입장에서는 퇴근 전까지 아이 혼자서 시간을 보내야 하는 것이 마음에 걸리는 게 당연하지요.

아이가 초등학교에 입학하면 신경 써야 할 것들도 한둘이 아닙니다. 유치원에 다닐 때에는 그저 밝고 건강하게 자라는 것만 봐도 고맙고 감사한데, 이상하게도 아이가 초등학생이 되면 '그러지 말아야지' 하면서도 자꾸만 성적이나 시험 점수, 주변 평가 등에 예민해집니다. 일하느라 시간은 없는데 마음이 자꾸만 조급해져서 아이를 다그치게 되지요.

여기에 엄마가 일한다고 신경을 안 써서 아이가 저 모양이란 소리를 듣기 싫어서 친구관계도 신경 써야 하고, 학교에서 내주는 숙제나 준비물도 꼼꼼히 챙기려면 몸도 마음도 힘들어집니다. 다른 엄마들처럼 일일이 챙겨주지 못한다는 안쓰러운 마음에 아이를 기죽지 않게 하기 위해 학교 행사도 꼬박꼬박 챙겨야 하니 점점 더 지치게 되지요.

육아와 일, 둘 사이에서 날마다 아슬아슬하게 생활하면서 '계속해서 일을 해도 될까? 지금이라도 다른 엄마들처럼 육아와 교육에 신경 써야 하는 거 아닐까?' 갈등하는 일하는 엄마들을 위해 이 책을 위해 썼습니다. 하루에도 수십 번씩 엄마 노릇을 제대로 하지 못하고 있다는 죄책감에 시달리고 있는 엄마들에게 조금이라도 도움이 되고자 노력했습니다.

일하는 엄마도 아이를 잘 키울 수 있습니다. 일하는 엄마이기 때문에 다른 아이들보다 더 잘 키울 수 있습니다. 엄마가 집에서 챙겨주지 못한다고 안쓰럽게 생각하지 않아도 됩니다. 일하는 엄마 밑에서 자라기 때문에 다른 아이들보다 더 자기 일을 야무지게 해내는 아이로 자랄 수 있으니까요. 하나에서 열까지 엄마 손길을 받으며 자란 아이들보다 스스로의 힘으로 문제를 해결해나가는 자립심 강한 아이로, 자기 자리에서 홀로 우뚝 설 수 있는 아이로 자랄 수 있으니까요.

이 책에는 아이를 키우는 엄마이지만 한 여자로서 당당하게 자기 일을 하는 엄마로 살려면 어떻게 하는 것이 좋은지에 대해 이야기하고 있습니다. 아이에게 미안한 마음이 들지 않도록 엄마들이 당당하게 자기 일을 하면서도 어떻게 하면 아이들이 학교생활을 잘할 수 있도록 도와줄 수 있는지에 대해서도 다루고 있습니다. 선생님이나 어른들에게 예쁨 받을 수 있도록 우리 아이가 바른 생활 습관과 인성을 갖출 수 있게 지도하는 방법에서부터 친구들과 스스럼없이 지내면서 즐겁게 학교생활을 할 수 있도록 도와주는 방법, 엄마 도움 없이도 스스로 공

부하도록 체계적으로 공부 습관을 잡는 방법 등에 대해 다루고 있으니 쉬운 것부터 따라 하시면 전반적인 생활에 큰 도움을 받으실 수 있을 것입니다.

지금 당장은 전업주부들보다 아이 키우는 게 조금 더 힘들게 느껴질지 모릅니다. 하지만 그렇기에 다른 아이들보다 우리 아이를 훨씬 더 잘 키울 수 있다 믿으면서 "파이팅!"을 외쳐봅니다. 이 책이 나올 수 있도록 옆에서 물심양면으로 도와준 가족들과 팜파스 식구들에게 감사의 말씀을 드립니다.

Contents

Part 03. 방과후 엄마의 빈자리 챙기기

Part 04. 아이의 평생을 결정하는 습관 챙기기

Part 01

일하는 엄마를 위한
행복 챙기기

행복하여라, 진정으로

현명한 엄마는 자신의 인생도 중요하게 여긴다

인간이라면 누구나 자기 존재감을 느끼고 싶어 하고, 인정받고 싶어 하는 욕구가 있다. 이것은 태어나면서부터 갖는 인간의 본능이다. 심리학자 머슬로의 연구에 따르면 인간은 태어날 때부터 다섯 가지의 기본 욕구를 가지고 태어난다고 한다. 생리적인 욕구, 안전에 대한 욕구, 소속의 욕구, 존중에 대한 욕구 그리고 마지막으로 자아실현의 욕구가 바로 그 다섯 가지 기본 욕구이다. 이 욕구들은 순차적으로 유발되는데, 인간이 살아가기 위해서 필요한 먹고 사는 문제인 생리적인 욕구가 해결되어야지만 그다음 단계인 안전에 대한 욕구가 생겨난다는 것이 특징이다.

이렇게 먹고 사는 문제가 해결되고 생활이 안정되면 사람은 누구나 가족이나 친구 등 어떤 조직에 대한 소속의 욕구를 느끼게 되고, 소속 집단의 구성원들로부터 인정받기를 원한다. 즉 나와 직·간접적으로 관계를 맺고 있는 사람으로부터 인정받고 존중받기를, 더 나아가서는 존경받기를 원하는 것이다.

문제는 이러한 인정을 받으려는 욕구를 어떻게 채우는가이다. 어디에서 자신의 존재를 인정받고, 존중받기를 원하는지는 사람마다 제각각이다. 세상에 수많은 사람이 있듯이 자신의 존재감을 또는 다른 사람들로부터 자신의 존재를 인정받고 싶어 하는 영역 역시 사람마다 다르다.

어떤 사람은 집안을 깨끗하고 안락하게 만드는 것에 행복을 느끼며 가족에게 인정받기를 원한다. 또 어떤 사람은 남편 내조 잘하고 아이 잘 키우면서 알뜰살뜰 교육시키는 것에서 존중받기 원하기 때문에 거기에 많은 시간과 노력을 기울인다.

하지만 이런 것에 대한 관심이 상대적으로 적거나 여기에 만족하지 못하는 사람들도 많다. 자원봉사나 사회적인 활동을 통해 자신의 존재감을 느끼거나, 회사에서 맡은 프로젝트를 멋지게 해냄으로써 자신의 능력을 인정받고, 승진을 하는 등 사회적인 성공을 통해 살아가는 희열을 느끼는 사람들도 있다.

가족으로부터 인정받고자 하루 종일 쓸고 닦는 것도 의미 있는 활동이며, 가족이 아닌 다른 사람들, 즉 회사 사람들이나 사회적인 활동을 통해 자신의 존재를 드러내면서 존중받고자 하는 활동들도 가치 있는 것이다.

어느 것이 옳고 그르다고 할 수 없는 문제다. 또한 어느 쪽이 더 가치 있다거나 의미 있는 활동이라고도 할 수 없는 문제다. 이는 개개인의 특성에 따라, 이제껏 살아온 생활 환경과 사고방식 그리고 가치관 등이 다르기 때문이다.

중요한 것은 개개인의 성향이다. 나 자신이 어떤 것에서 만족을 얻으며 어느 것을 원하느냐 하는 것이다. 전업주부의 생활을 원하느냐, 일하는 엄마의 삶을 원하느냐 하는 것은 오로지 자신에게 달려 있는 것이다.

남편이 퇴근해서 돌아왔을 때 좋아할 것을 생각하고 집안을 깨끗이 청소하며 요리를 하는 것이 즐겁다거나 아이들을 위해서 간식을 만들고 함께할 무엇인가를 계획하고 준비할 때 행복하다면, 또 그런 활동들에서 기쁨과 만족을 얻는다면 그 사람은 전업주부로의 삶이 맞는 것이다.

하지만 여기에서 만족할 수 없다면 그 사람은 전업주부보다는 일하는 엄마 또는 사회적 활동을 하는 사람의 삶이 맞는 것이다. 왜냐하면 이런 사람들은 가족 이외에 나를 필요로 하는 사람들을 위해서 일을 할 때 자신의 존재감을 확인하며 기쁨을 느끼기 때문이다. 무에서 유를 창조하듯 아이디어를 바탕으로 하나의 프로젝트를 기획하고 진행시켜 완성했을 때 가슴 벅찬 성취감을 느낄 수 있고, 그것을 바탕으로 살아가는 삶의 에너지를 얻을 수 있기 때문이다.

이런 사람들이 '가정'이라는 작은 울타리 속에 자신을 가두어 두고 가족들을 위해 온갖 정성을 다 쏟아 부으며 인정받고 존중받으려고 한다면 문제가 생길 수 있다. 정확한 원인을 찾지 못한 채 항상 만족스럽지 못한 상태로 살게 될 것이며, 늘 무엇인가 2% 부족한 듯한 느낌이 들어 울적해할 가능성이 크기 때문이다(심한 경우에는 우울증에 걸릴 수도 있다). 이런 사람들은 집안일을 완벽하게 해내려고 하기보다는 자신의 역량 안에서 적합한 사회적 활동을 하는 것이 훨씬 좋다.

그러므로 내가 관심을 갖고 있는 것이 무엇인지 또는 인정받고자 하는 곳(또는 사람, 집단 등)이 어디인지를 곰곰이 들여다봐야 한다. 내 자신의 정체성과 자존감은 어디에서 얻을 수 있는지 자신의 내면을 깊이 그리고 신중하게 살펴봐야 한다. 다소 시간이 걸리거나 힘들지 모르지만 그렇게 해야만 내면의 목소리를 들을 수 있다.

자기 내면의 소리를 들었다면 앞으로 어떻게 살 것인가를 결정해야 한다. 무엇을 어떻게 하며 살 것인지를 결정한 다음에는 다른 것에 대한 미련은 과감하게 버리고 선택한 것에 최선을 다해야 한다. 자기가 갈 수 없는 길, 할 수 없는 일에 대한 미련을 갖는 것만큼 어리석은 일도 없기 때문이다. 전업주부로서 살아가는 일상에서 자기만족을 얻을 수 없다면, 일하는 엄마로서의 삶을 사는 것이 좋다. 전업주부보다는 집안일에 할애하는 시간은 적겠지만, 집안을 보살피는 것 자체에서 손을 놓으라는 의미는 아니니 오해 없기를 바란다.

일하는 이유를 분명히 하라

주변에 있는 아이들에게 공부를 왜 하는지 물어보면 다양한 대답이 나온다. 하지만 몇 가지로 요약해보면 대체적으로 이런 대답들이다. '엄마나 선생님이 억지로 시키니까', '남들이 다 하니까', '친구들은 다 하는데 나만 안 하면 뒤처지는 것 같으니까' 마지못해 한다는 것이다. 왜 그럴까? 왜 아이들은 공부를 이렇게나 싫어할까?

초등학생은 물론 중고등학생들도 마찬가지로, 아이들 가운데 열에 아홉은 공부하기를 싫어한다. 공부를 잘하건 못하건 간에 대부분의 아이들이 공부를 싫어한다는 말이다. 공부를 잘 못하는 아이야 공부가 어렵고 재미없으니 당연히 공부를 싫어한다고 치더라도, 공부를 좀 한다는 아이도 공부를 싫어하긴 마찬가지다.

하지만 소위 우리가 '공부의 신(공신)'이라고 하는 상위 1% 아이들은 조금 다르다. 이 아이들을 가만 살펴보면 공부를 대하는 태도, 공부에 대한 생각 자체가 완전히 다르다. 공신들은 공부가 힘이 들기는 하지만 꼭 필요한 것이라고 여긴다. 공부를 하는 과정 속에서 작고 소소한 성취감을 맛보며 알아가는 기쁨을 만끽한다. 그래서 이 아이들 중 몇몇은 심지어 공부가 제일 쉽고 재미있다고 한다.

똑같은 책으로 똑같은 공부를 하는데도 왜 어떤 아이들은 공부를 재미있게 스스로 하고, 또 어떤 아이들은 공부라면 진저리를 치며 하기 싫어할까? 둘 사이에는 어떤 차이가 있을까?

공부하기 싫어하는 보통의 아이들은 어쩔 수 없이 공부를 한다. 마지 못해 억지로 하는 경우가 대다수다. 당연히 공부가 싫고 지겹게 느껴질 수밖에 없다. 반대로 공부를 즐기는 공신들은 공부란 것이 자신의 꿈을 이루기 위해 꼭 필요한 것임을 잘 알고 있다. 그래서 누가 시키지 않아도 스스로 공부를 한다. 억지가 아닌 자발에 의해서 하는 공부이기 때문에 재미있는 것이다.

왜 공부를 해야 하는지 분명한 이유를 가지고 있다면 공부가 못 견딜 만큼 힘들게 느껴지지는 않을 것이다. 더군다나 그 공부가 자신의 꿈과 목표를 달성하기 위해 꼭 필요한 과정이고 수단이라는 사실을 인지하고 있다면 다소 어렵고 힘이 들더라도 기꺼이 참고 견뎌내려고 할 것이다. 공부를 함으로써 자신의 꿈에 한 발자국 더 가까이 다가가고 있음을 알기 때문이다. 비록 지금 이 순간은 힘이 들어서 주저앉고 싶을지라도 포기하고 싶다는 말이 목구멍까지 차오르더라도 꿈과 희망이 있기 때문에 꿋꿋이 이겨낼 수 있는 것이다.

일하는 것도 마찬가지다. 그러니 본인이 왜 일을 하는지 이유를 분명히 해둘 필요가 있다. 경제적인 보탬이 되기 위해서인지, 자기 발전을 위해서인지, 아이들에게 멋진 엄마가 되기 위해서인지 등 자신이 일하는 이유가 확실해야 한다. 그래야 힘든 상황에 맞닥뜨려도 굳건히 이겨낼 수 있다. 견디어야 하는 이유가 있기 때문에 어려운 상황에 처하더라도 참아낼 수 있다. 이루고자 하는 바가 있기 때문에 어렵더라도 끝까지 방법을 찾으며 기꺼이 해내려고 노력하게 되는 것이다.

일하는 이유와 더불어 자신만의 목표를 갖는 것도 좋다. 이왕 하는 일이라면 조금 큰 꿈, 조금 높은 목표를 만들어두고 노력하면 조금씩 발전해나갈 수 있다. 거기에 꿈과 목표를 단계별로 세분화하여 작은 목표들을 세우고 하나씩 이루어나간다면 그때 얻는 성취감은 매우 크다. 커다란 목표를 한꺼번에 달성하려고 하는 것보다 부담감도 적어질 것이다. 우선 종이에 큰 목표를 적고, 그 목표를 달성하기 위해 해마다 또는 달마다의 세부 계획을 세워 한 걸음씩 나아가보자.

스트레스, 피할 수 없으면 잘 이겨내라

우리나라에서, 이 '대한민국'이라는 나라에서 일하는 엄마 대부분은 1인 2역을 하고 있다. 직장에서는 일하는 직원이지만 퇴근과 동시에 (때로는 직장에서 일하는 중간중간에도) 주부 역할로 전환되기 때문이다. 주부뿐만 아니라 엄마이자 아내 그리고 며느리 역할까지 해내야 하기 때문에 1인 3역 또는 4역까지 하는 경우도 많다.

현실이 이러하다 보니 일하는 엄마들 대부분이 "힘들다", "지친다" 또는 "스트레스 때문에 미칠 것 같아"라는 말을 입에 달고 사는 경우가 많다. 의식적으로 하는 것은 아니지만 본인도 모르는 사이 한숨을 내쉰다거나 무의식적으로 어깨를 축 늘어뜨린 채 인상을 어둡게 하고 있는 경우도 많다. 그만큼 스트레스를 많이 받고 있다는 이야기다. 더 큰 문제는 스트레스는 있는 대로 다 받고 있으면서도 이것을 제대로 풀어내지 못하는 데 있다.

스트레스는 그때그때 풀어야 한다. 그래야 병이 생기지 않는다. 어쩌다 스트레스를 받는 거라면 한두 번쯤은 아무 일 없다는 듯이 넘어갈 수 있을지 모른다. 하지만 이런 일이 반복될 때마다 가슴에 쌓아두면 이것들이 모여서 우울증이 생길 수도 있고, 화병이 될 수도 있다. 그러니 스트레스를 받을 때에는 마음에 찌꺼기가 남지 않도록 털어버려야 한다.

사람마다 받는 스트레스 종류는 다 다르다. 어떤 사람은 무심코 던지는 말 한마디 때문에 가슴에 상처를 입고, 어떤 사람은 해야 할 일들이 산더미처럼 쌓여 있어 어깨에 바윗돌을 하나 얹은 것처럼 힘들고, 또 어떤 사람은 계획대로 되지 않는 일 때문에 신경질이 나고, 어떤 사람은 마음이 맞지 않는 사람들 때문에 우울해한다.

똑같은 사람일지라도 상황에 따라 스트레스를 받는 정도도 달라지고, 이에 대처하는 방법과 능력도 달라진다. 내 몸이 건강하고 마음이 밝고 활기로 가득 차 있을 때에는 크지 않은 일이라면 대수롭지 않게 넘길 수 있다. 반대로 기분이 우울하거나 마음이 아플 때에는 말 한마디나 작고 별거 아닌 일에도 있는 짜증까지 내기 십상이다.

그러니 스트레스를 잘 이겨내기 위해서는 가장 먼저 몸이 아프지 않도록 건강을 유지하면서 항상 밝고 긍정적으로 생각하는 습관을 들여야 한다. 사소한 일에서까지 신경을 곤두세우지 않도록 말이다. 그런 다음 평소에 자신이 처한 현실을 객관적으로 정확하게 바라볼 수 있는 연습을 많이 해두어야 한다. 자신이 어떤 것 때문에 스트레스를 받는지, 왜 그 문제에 대해 민감하게 반응하는지 등 원인 파악을 정확하게 파악할 수 있기 때문이다. 자기가 스트레스를 받거나 화가 난 이유, 힘이 들거나 우울한 이유를 알았다면 그 원인에 맞게 대책을 세워 문제를 하나씩 해결해나갈 수 있다. 그러니 화만 내지 말고, 속상해만 하지 말고 객관적으로 생각하는 연습을 많이 해두자.

스트레스를 풀 수 있는 나만의 취미생활을 가지는 것도 좋다. 이 또한 사람마다, 처한 환경마다 다르기 때문에 각자 자신에게 적합한 것을 골라 규칙적으로 하는 것이 좋다. 또 운동을 하는 것도 좋다. 건강도 챙길 수 있고 스트레스도 해소할 수 있어 일석이조이기 때문이다. 가족과 함께 걷거나 가까운 산을 등산하는 것도 괜찮고, 아이의 수행평가에도 도움이 되는 배드민턴이나, 성장에도 도움이 되고 다이어트에도 좋은 줄넘기를 같이 하는 것도 좋다. 물론 개인에 따라서 명상이나 요가 같은 정적인 운동도 좋고, 음악을 듣거나 책을 읽는 것도 좋다. 이도저도 싫다면 늘어지게 낮잠을 자거나 쇼핑을 하는 것도 나름 효과 만점의 방법이 될 수도 있으니, 자신에게 맞는 취미를 적극적으로 개발해두자.

엄마가 행복해야 아이도 행복하다

개인적으로 아이를 낳고 살면서 가장 힘들었던 건 '엄마'라는 존재는 아파서는 안 된다는 것이었다. 엄마도 사람인데 어떻게 안 아프고 살 수 있겠는가? 안 아프고 살면 좋기야 하겠지만 그건 사람 마음대로 되지 않는 일이다. 그런데도 아파서는 안 되는 존재라는 것이 무슨 말인가?

엄마도 사람인지라 어쩌다 보면 감기도 걸리고 크고 작게 다치기 마련이다. 그럼에도 불구하고 엄마는 아파서는 안 되는 존재라는 것은 엄마가 아프면 그 영향이 고스란히 아이에게 가기 때문이다. 아이를 키우는 엄마에게는 마음 놓고 아플 자유도 권리도 없는데, 이는 엄마가 아프면 당장 아이가 먹는 것부터 부실해지기 때문이다. 뿐만 아니라 아이가 입는 것, 씻는 것, 잠자는 것 등 어느 하나 피해가 가지 않는 것이 없다. 아이가 어리면 어릴수록 엄마가 아이를 챙기지 못하기 때문에 이런 피해는 더욱더 커진다. 이런 이유들 때문에 엄마는 아파서는 안 되며, 또 마음대로 아플 수도 없는 존재처럼 여겨진다.

몸이 아픈 것과 마찬가지로 엄마는 우울해서도 슬퍼서도 화를 자주 내서도 안 된다. 이런 좋지 않는 감정들도 아이에게 고스란히 전해지기 때문이다. 아이가 뱃속에 있을 때 태교를 하듯 엄마는 아이에게 밝고 좋은 기운을 전해주기 위해 가능한 한 좋은 것만 보고 예쁜 것만 보도록 노력하는 것이 좋다.

엄마의 마음이 즐겁고 행복하고, 기쁘고 즐거워야 아이에게 사랑스러운 눈빛으로 바라보며 부드럽고 상냥하게 대해줄 수 있다. 엄마가 화가 나면 노력을 한다고 해도 언성이 자꾸만 높아지게 되고, 기분이 우울하면 자신도 모르게 아이가 귀찮게 느껴져서 건성으로 대하게 된다.

그러므로 아이가 행복하기를 바란다면, 우리 아이가 밝고 건강하게 자라길 원한다면 엄마가 먼저 행복해져야 한다. 엄마가 밝고 건강해야 엄마의 밝고 건강한 기운이 그대로 전해져 아이가 자연스럽게 긍정적인 아이, 웃음이 끊이지 않는 행복한 아이로 자랄 수 있다. 색채 심리학자들은 엄마는 되도록 밝고 따뜻한 색의 옷을 입고 생활하라고 권한다. 눈에 확 띄는 원색 옷이 부담스러우면 파스텔톤의 옷을 입어 엄마가 아이에게 밝고 환한 기운을 전하도록 노력하라는 것이다.

엄마의 행복이 아이에게 어떤 영향을 미치는가에 대한 직접적인 실험은 아니지만, 엄마의 우울 증상이 아이에게 어떤 영향을 미치는가에 대한 실험을 통해 우리는 이 사실을 유추해볼 수 있다.

몇 년 전 미국 신시내티 어린이병원 키에란 펠랑 박사팀이 우울증을 겪는 엄마를 둔 아이들을 대상으로 아이의 안전에 관한 실험을 했다. 엄마가 우울증을 겪고 있는 경우에는 아이의 안전에 부주의할 뿐만 아니라 아이가 행동장애를 보일 가능성과 사고를 당할 확률이 높다는 결과를 얻었다. 게다가 엄마의 우울증 수치가 높은 아이일수록 우울증 수치가 낮은 엄마의 아이보다 사고로 다치는 경우가 2배나 많다는 것이다.

또 펠랑 박사는 행동장애가 있는 아이들은 나쁜 짓을 하거나 짜증을 잘 내는데, 이런 아이들이 크면 알코올이나 약물에 중독될 위험이 높다고 말했다. 이 연구 결과에 이어 건국대 의대 신경정신과 박두흠 교수는 모든 아이들이 다 그런 것은 아니지만 우울증이 있는 부모 밑에서 자란 아이가 행동장애나 소아 우울증에 걸릴 확률이 더 높다고 했다.

그러니 우리는 잊지 말아야 한다. 아이를 키우고 있는 엄마 자리에 서 있는 우리는 항상 기억해야 한다. 나의 행복이 곧 아이의 행복임을, 내가 기쁘면 아이 또한 기쁘고 즐겁다는 사실을 잊지 말자!

완벽함을 꿈꾸지 마라

기자, 아나운서, 앵커 등을 준비하는 사람들에게 '언론고시'라고 불릴 만큼 어려운 시험에 그것도 3곳이나 합격한 전현무 씨는 부러움의 대상이다. 그가 TV 프로그램에 나와서 한 이 말은 참으로 공감이 갔다.

"흔히들 말하길 꿈이 없는 사람은 비참하다고 한다. 그렇지만 안 되는 꿈을 붙잡고 있는 사람은 더 비참하다."

전현무 씨의 이 말을 일하는 엄마들에게도 꼭 들려주고 싶었다. 특히 자기에게 맞지 않는 꿈을 이루기 위해 또는 자기 능력으로는 도저히 할 수 없는 일임에도 불구하고 그걸 하겠다고 끙끙거리며 애쓰고 있는 엄마들에게 꼭 들려주고 싶었다.

일하는 엄마인 나에게 주어진 시간은 다른 사람들과 마찬가지로 똑같이 24시간이다. 할 일이 너무 많을 때는 자신도 모르게 '내가 둘이었으면 좋겠다'라는 생각을 하곤 하지만, 애석하게도 내 몸은 하나밖에 없다. 사정이 이러하다 보니 아무래도 현실적으로 많은 제약이 따르며, 그 결과 완벽할 수 없다. 생활 여기저기 빈틈투성이고, 허술하기까지 하다. 나름대로 최선을 다하여 해보지만 부족한 것 투성이다. 그럴 수밖에 없다, 왜냐하면 사람이니까. 그것도 몸은 하나인데 일도 해야 하고 아이도 보살펴야 하고 살림도 해야 하는 일하는 엄마이기 때문이다.

현실이 이러함에도 불구하고 일하는 엄마는 꿈꾼다. 완벽할 수는 없지만 완벽에 가까운 생활을 욕심낸다. 아이도 잘 키우면서 회사생활도 잘하는 그런 엄마가 되기를, 똑 부러지게 일도 잘하면서 집안 살림까지 깔끔하게 하는 슈퍼우먼이 되기를!

그러나 사람이기 때문에, 더구나 하루 24시간을 쪼개고 쪼개서 1인 2역, 아니 3역, 4역까지 해야 하는 일하는 엄마이기 때문에 완벽할 수는 없다. 일과 육아, 거기에 가사까지 완벽하게 해낸다는 것은 불가능한 일이다. 이렇게 안 되는 꿈, 불가능한 일이라는 걸 알았으면 그다음에는 빨리 포기를 하고, 자신에게 맞는 다른 꿈을 찾아야 한다. 안 되는 꿈을 붙잡고 있으면 비참해지고, 그 꿈을 계속해서 부여잡고 있으면 다른 어느 누구도 아닌 바로 나 자신이 가장 아프고 힘이 들기 때문이다.

일하는 엄마에게는 혼자서 모든 일을 완벽하게 해낸다는 것은 불가능한 꿈이므로 모두 다 잘해내겠다는 욕심은 과감하게 버려야 한다. 슈퍼

맘이 되겠다는 꿈은 버리고 최대한 빨리 자기 주변을 최적화시키는 쪽으로 방향을 틀어야 한다. 주변을 최적화시키기 위해서는 전략을 짜야 한다. 유명한 임원 발굴 회사인 콘페리 인터내셔널에서 전무이사로 일하는 캐스린 팔미어리가 1999년 〈뉴욕타임스〉와의 인터뷰에서 젊은 여성들에게 이런 조언을 했다.

"내 나이가 마흔 다섯살이 되었을 때 행복하게 살기 위해서는 무엇이 필요한지 자신에게 물어보세요. 원하는 것을 시도하기 위해서는 이른 나이에 이 질문을 반드시 던져봐야 합니다. 일과 마찬가지로 사생활에서도 전략을 세우는 법을 배워야 해요."

흔히들 일 욕심이 많은 사람들의 경우 자신도 모르는 사이 생활의 초점을 일에 맞추게 되어 사생활, 즉 가정에 소홀하게 되는 경우가 많다. 직장 일이 여유가 있다면 육아와 가사를 함께 챙기기가 조금 수월할지 모르겠지만, 대부분은 그렇지 않은 것이 현실이다. 특히 우리나라처럼 탁아시설이나 보육시설이 제대로 마련되어 있지 않은 곳에서는 일과 가정 사이에서 균형 잡기는 매우 어렵다. 그러므로 밖에 나가서 일을 하면서도 살림을 꾸려나가려면 자신만의 전략을 짜야 한다.

일과 가정에서 완벽하게 균형을 잡기란 매우 힘들다. 하지만 어떻게 하면 최적의 상황을 만들 수 있을까? 그리고 잘 유지할 수 있을까?를 생각해서 전략을 세워보자.

먼저 도움을 받을 수 있는 사람은 최대한 적극적으로 활용하는 것이 좋다. 쉽지는 않겠지만 가까이에 사는 어른들이나 지인들의 도움을 받는 것부터 시작해야 한다. 또 제일 가깝게 있지만 그리 만만치 않은 남편과 집안일을 분담해서 할 수 있도록 해야 한다. 이러저러한 상황을 들며 나름 논리적으로 우아하게 남편을 설득하겠지만, 몇 번 싸울 각오는 미리 해두는 것이 좋다.

아이에게도 최적화 시스템을 적용시켜야 한다. '나 편하자고 아이한테 시켜야 하나? 엄마가 보살펴주지도 못하는데 이렇게 힘들게 해야 하나?' 하는 생각에 안쓰러울 것이다. 하지만 아이의 자립심을 키워준다고 생각하자. 시간이 조금만 흐르면 웬만한 일은 아이 혼자서도 척척 해낼 수 있게 될 것이다. 그러면 아이는 자립심을 기르게 되고, 스스로 문제를 해결해나감으로써 해결 능력을 키울 수 있다. 자, 지금부터 아이와 엄마, 모두 최적화 시스템에 적응해갈 수 있는 전략을 세워보자.

지금, 이 순간에 올인하라

지인 중에 한 사람은 음식을 정말 기가 막히게 잘한다. 얼마나 맛있게 음식을 하는지 웬만한 레스토랑에서 먹는 것보다 훨씬 맛이 좋다. 그런데 그 집 식구들은 그분이 요리하는 것을 그다지 좋아하지 않는다. 아니 있는 그대로 이야기하자면 무척 싫어한다. 음식 맛은 기가 막힐 정도로 좋지만, 요리를 하는 동안 주방을 난장판이 되기 때문이다.

그분 스스로도 요리하는 것을 그다지 즐기지는 않는다. 특별한 일이 있을 때만 가뭄에 콩 나듯 마음먹고 요리한다. 식사하는 시간은 길어야 2~30분 정도인데, 치우는 데 1~2시간이 걸리기 때문이다.

왜 그런가 이해가 되지 않아 요리하는 모습을 지켜보았는데, 5분도 지나지 않아서 답을 찾을 수 있었다. 한 가지 도구를 쓴 다음 다른 도구를 또 꺼내놓는데, 그렇게 꺼내기만 하고 치우지 않았다. 여기저기 필요한 재료들을 모두 꺼내놓으니 삽시간에 주방은 엉망진창이 되었다. 요리를 해야 하니 재료를 꺼내놓는 것은 어쩔 수 없지만 쓰고 난 다음에 더 이상 쓸 일이 없어지면 바로바로 치워야 정리가 되는데, 그러지 않는 것이 문제였다.

많은 사람이 종종 이렇게 말한다. "좀 있다가 할게", "나중에 하지 뭐", "에이, 조금 늦게 한다고 해서 큰일 나는 것도 아닌데 뭘", "잠깐만……." 등등 온갖 핑계를 대면서 미룬다. 이런 사람들은 지금 당장 해야 할 일을 미루기도 하고, 안 하면 안 되는 일까지 미루기도 한다.

살다 보면 누구나 한두 번쯤 해야 할 일을 뒤로 미룬다. 사실 이런 일이 한두 번 있다고 해도 그다지 문제가 되지 않는다. 그래서 사람들은 자꾸만 조금 있다 해도 괜찮다고 말을 한다. '모로 가도 산으로만 가면 된다'며 자기합리화를 한다. 심지어 '어떻게 앞만 보고 달리냐? 때로는 쉬어갈 줄도 알아야 한다'라며 다른 사람들까지 미루기에 끌어들이기도 한다. 지금 당장은 아무 문제 없어 보이고, 바로 지금 이 순간은 쉽고 편하고 좋기 때문이다.

하지만 이런 일이 두 번 세 번 반복되다 보면 문제가 생기고야 만다. 더 이상 미룰 수가 없을 때가 되어서 일을 하다 보면 때로는 마감 시간을 넘겨버려 아예 시작조차 못하게 되는 경우도 발생한다. 운 좋게 잘 처리했다 하더라도 후다닥 일처리를 하다 보면 중요한 것을 놓쳐 낭패를 보게 되는 경우도 있다.

번갯불에 콩 볶아 먹듯 시간에 쫓겨 일하다 보면 효과는 효과대로 없을뿐더러 힘은 힘대로 들게 된다. 미루지 않으면 시간적으로 여유가 있기 때문에 힘들지 않도록 자기 컨디션을 조절하며 일할 수 있다. 하지만 몰아치기 식으로 일을 하면 정신없이 매달려야 하기 때문에 젖 먹던 힘까지 끌어다 써야 한다. 시간에 쫓기면서 일을 해야 하기 때문에 숨이 턱 밑까지 차올라도 쉬지 못하고 계속해서 달려야 한다.

시간적으로 여유가 있으면 일을 천천히 꼼꼼하게 하면서 마음에 여유도 생기지만, 서두르다 보면 한두 가지 중요한 것을 놓치거나 잘못할 가능성이 높아진다. 잘못한 부분을 나중에 찾아내서 바로 잡으려면 힘은 힘대로 들고, 시간 또한 두 배 세 배 더 걸린다. 그러니 평소 미루지 말고 바로바로 하는 습관을 들이는 것이 좋다. 그것도 일하는 그 순간 자신이 할 수 있는 최선을 다해서 하는 것이 제일 좋다. 그것이 바로 힘들지 않고 일하는 최선의 방법이며, 시간을 절약하는 비법이다.

사람이 살아가면서 소중한 것은 참으로 많겠으나, 내가 서 있는 바로 지금 이 순간, 이 자리만큼 소중한 것은 없다는 사실을 기억하며 지금 이 순간 최선을 다해 일해야 한다. 지금 당장은 그 차이가 눈에 잘 보이지 않겠지만, 아주 작은 이 차이가 시간이 많이 흐른 뒤에는 아주 큰 차이로 나타난다. 설사 눈에 보이는 어떤 성과는 없다고 하더라도 적어도 실력 하나만은 내가 노력한 만큼 공정하게 성장하는 것이다.

장점만 봐라

십 분 남짓 되는 거리를 초등학교 6학년 아이 혼자 버스를 태워 보내놓고 안절부절하는 엄마에게 뭐라고 말해주겠는가? 중학교 3학년이나 된 딸이 라면 하나도 못 끓여 먹고, 다 해놓은 밥도 안 챙겨 먹어서(또는 못 챙겨 먹어서) 엄마가 아파서 누워 있다가도 일어나서 밥상을 차려주어야 한다면 어떨까?

6학년, 열세 살이면 다 컸는데 뭘 그리 불안해하느냐, 혼자서도 잘할 거니까 걱정 말라고 하지 않을까? 중3이면 덩치가 엄마보다 더 클 텐데 너무 오냐오냐 떠받들며 키운 건 아니냐, 라면이 무슨 대단한 요리라고 그거 하나도 제대로 못하냐? 평소에 안 해봐서 그렇다. 밥 정도는 스스로 차려 먹게 키워야 하는 거 아니냐고 되묻고 싶지는 않을까?

일하는 엄마이기 때문에 다른 엄마들처럼 아이를 챙길 수 없어 미안하고 안쓰러울 때가 많다. 맛있는 간식도 못 챙겨주고, 함께 놀아주지도 못하고, 학교 모임이나 행사에 참석하지 못하는 것쯤이야 두 눈 질끈 감고 참을 수 있다. 그렇지만 열이 펄펄 끓는 아이를 다른 사람한테 부탁하고 출근할 때면 가슴이 찢어진다. '정말 이렇게까지 돈을 벌어야 하나?' 싶은 생각에 참담하기까지 하다. 아이 혼자서 병원에 갔다 오라며 뒤돌아설 땐 '무슨 대단한 영광을 보겠다고 애한테까지 이 고생을 시키나?' 싶어 엄마로서 자괴감마저 든다.

하지만 일하는 엄마이기 때문에 아이에게 좋은 점, 긍정적인 면도 많다. 그러니 너무 마음 아파하지 않았으면 좋겠다. 우울해하거나 지나치게 안쓰러워할 필요도 없다. 오히려 아이에게 자립심을 길러주고 독립적으로 자랄 수 있도록 많은 기회를 제공할 수 있다고 생각하자. 단 엄마가 아이의 능력을 믿어주고, 아이에게 대한 지나친 기대와 맹목적인 희망만 내려놓아야 한다.

물론 말은 쉽다. 실제로 아이에게 어떤 일이 생길 때마다 가슴이 철렁해서 자책하기 급급할 수도 있다. 하지만 아이는 실수를 통해 배우고, 넘어지면서 조금씩 자란다. 실패를 통해서 성장해나가는 것이다. 처음부터 아이 혼자서 다 잘하진 못하지만 어릴 때부터 차근차근 가르치고, 기초만 닦아주면 아이는 조금씩 자라며 웬만한 일은 척척 해낸다. 어떨 땐 엄마보다 훨씬 더 잘해내기도 한다. 그리고 생각하지 못한 기발한 방법으로 해내어 감동을 주기도 한다.

일을 하기 때문에 아이를 챙겨주지 못하고 문제가 생길 때마다 걱정과 불안으로 속이 탈 수 있다. 하지만 아이가 혼자서 잘 헤쳐나갈 수 있도록 믿고 기다리다 보면 생각보다 더 잘해내서 가슴 벅찬 감동을 줄 것이다. 아이 혼자서는 도저히 감당하기 힘든 문제라면 아이가 도움을 청할 것이다. 그때 도와주어도 늦지 않으니 지켜봐주면 된다.

설사 아이가 넘어지더라도 크게 다치지 않았다면 툭툭 털고 일어나도록 두어야 한다. 달려가 일으켜 세워주는 것보다 다시 달릴 수 있도록 조언과 격려를 보내야 한다. 실패를 두려워하지 않도록, 시행착오를 거치면서 스스로 해결 방법을 찾아낼 수 있도록 격려하는 것이다. 이런 경험들을 통해 아이는 문제해결 능력을 기르고 있으니 감사하게 여기며 긍정적으로 생각하자.

멀리 넓게 봐라

아이가 어렸을 때에는 누군가에게 맡기거나 먹이고 입히고 학원에 보내는 등 버는 것보다 쓰는 게 더 많다. 그래서 차라리 집에서 애 보는 게 돈 버는 거 아닐까 하는 생각이 든다. 나가는 돈이 들어오는 돈보다 많아 직장을 그만 두는 게 나을 것 같다는 생각이 드는 것도 무리가 아니다. 하지만 몇 년이 흐른 뒤에도 그럴까? 퇴직금이나 연금 등만 생각해도 아니란 대답은 금방 나온다. 게다가 육아 때문에 몇 년 쉰 주부를 받아주는 곳은 그리 많지 않다. 전에 아무리 뛰어난 실력이 있었다고 해도 피땀 흘려가며 쌓았던 경력들은 하나도 인정해주지 않는다.

눈앞에 놓인 당장의 이익만 생각해서는 안 된다. 발등에 떨어진 불만 끄려고 해서는 안 된다. 멀리 바라보고 넓게 생각해서 행동해야 한다. 일하는 것이나 아이를 키우는 것도 마찬가지이다. 무슨 일이 있을 때마다 '지금 당장'이 아닌 '몇 년 후'를 기준으로 생각하고 판단하며 결정해야 한다. 이런 고민을 하고 있는 엄마들에게 약간의 도움이 되기를 바라며 딸과 나의 이야기를 하려고 한다.

딸아이가 유치원 다닐 때부터 친하게 지내던 친구 엄마는 과일 하나를 주더라도 예쁘게 깎아서 주는 것은 물론, 한 입 크기로 잘라서 방까지 가져다주었다. 아침에 입고 나갈 옷은 전날 밤 소파 위에 곱게 개어두었다. 아침에 일어나기 힘들어 하면 침대에서 안아다가 욕실 변기 위에 앉혀놓고 세수도 시켜주었다. 늦잠 잔 딸이 학교에 지각할까봐 밥 먹는 동안 먼저 차에 가서 시동을 걸어놓고 기다리고 있었다. 또 학원에 갈 때는 여기저기 들렀다 가는 학원차 대신 직접 아이를 태워다 주었다.

딸아이는 그 친구를 무척 부러워했다. 저렇게 착하고 좋은 엄마가 어디 있냐면서 딸은 물론 아들까지 부러워했고, 그 집에 가는 걸 좋아했다. 그 집에 가면 자기가 공주나 왕자가 된 것 같다고 말했다. 그런 아이들의 마음은 충분히 이해가 되었다. 아이들이 아무리 그 집 엄마를 잘 따르고 좋아하며, 심지어 저 엄마처럼 해달라고 부탁을 해도 나는 바꾸지 않았다. 나는 나만의 방식으로 아이들을 키우고 있었고, 아이들을 위해서는 그것이 더 나으리라는 확신이 있었기 때문이다.

성격 자체가 곰살맞지 못한 까닭도 있지만 아이들이 어렸을 때부터 일을 했기 때문에 웬만한 일은 스스로 하도록 했다. 유치원 다닐 때에는 자기가 가지고 놀던 장난감은 스스로 정리하게 했다. 물론 서툴기 때문에 아이 모르게 손을 많이 댔지만, 웬만하면 아이 방은 아이 혼자서 청소하도록 했다. 이제 막 초등학교에 입학한 아이에게 실내화 세탁하는 법을 가르쳐주면서 스스로 하게 했다. 겨우 8살밖에 안 된 아이가 일주일에 한 번씩 실내화를 세탁하는 것은 힘들고 귀찮은 일일 것이다. 하지만 아이들은 그 일을 6년 동안 해냈다. 초등학교 졸업하던 날 아이들이 제일 좋아했던 건 더 이상 실내화를 빨지 않아도 된다는 것이었다. 중학교에 입학하면서는 남방을 스스로 빨아 입어야 하고, 조금이라도 멋을 내고 싶으면 다림질까지 해야 한다는 사실을 알게 되면서 그 행복은 무참히 깨졌지만 말이다.

또 혼자 있을 때에는 스스로 식사를 챙겨 먹게 했고, 쉽고 간단한 것들은 직접 만들어 먹게 했다. 물론 불로 조리하거나 칼을 다루는 등 위험한 일을 못하게 했다. 가끔씩 "우리 엄마는 계모야"라며 투덜거리기도 했지만, 아이들은 지금까지 자신의 일들을 스스로 해결해왔다. 이렇게 자란 아이들은 중학생이 된 이후 재료만 사다놓으면 웬만한 요리는 뚝딱뚝딱 해낸다. 게다가 가끔씩은 가족들을 위한 멋진 식탁을 차리기도 한다. 피곤해하는 아빠를 위해 또는 아픈 엄마를 위해 종종 맛있는 간식을 만들어 침대까지 서비스해주기도 한다.

　아이들이 이제는 이렇게 말한다. 어릴 때는 뭐든지 다 챙겨주고 하나에서 열까지 알아서 척척 해주는 엄마가 그렇게 부러웠는데, 이렇게 커서 생각해보니 그게 결코 좋은 게 아니라는 걸 알게 되었다고 한다. 제또래 아이들을 보면 혼자 라면도 못 끓여 먹는 친구가 생각보다 많다고 한다. 자기가 먹은 밥그릇 하나 설거지도 못하는 아이도 많고, 냉장고에서 꺼내서 먹기만 하면 되는데 그것조차 귀찮아서 안 하는, 엄마가 해줘야지만 먹는 아이들도 많다고 하면서 애지중지 떠받들며 키워주지 않아서 너무 고맙다고 고백한다.

　이제는 세상 어디에 갖다놓아도 혼자 살 수 있을 것 같다고 말한다. 온실 속의 화초처럼 키우지 않고 들판의 잡초처럼 키우는 엄마 방식이 맞는 것 같다고, 자기는 이제야 알았는데 엄마는 어떻게 그걸 전부터 알고 있었느냐고 말한다. 아이의 말에 오늘만큼은 괜찮은 엄마가 된 것 같아 뿌듯했고, 마음고생이 많았겠지만 넓은 마음으로 자라준 아이가 고마웠다.

시소 타기, 균형점을 찾아라

우연히 본 TV 프로그램에서 한 유명 연예인은 지인들이 자기를 '신데렐라'라고 부른다고 말했다. 이유를 물어보니 '어떤 고민이든 12시를 넘기지 않는' 고민 대처법 때문에 생긴 별명이라고 했다. 그 연예인은 자기 자신에 대해 "포기도 빠른 편이고, 고민을 가지고 끙끙 앓지도 않고 고민을 밤 12시 이후로 넘기려 하지도 않는다"고 했다.

이 방법은 연예인의 생명이라고도 할 수 있는 피부 관리에 아주 큰 영향을 미친다. 게다가 육체적 건강뿐만 정신적 건강 유지를 위해서도 꼭 필요한 방법이다. 고민거리를 잠자리까지 끌고 가면 숙면을 취할 수 없어 신체 리듬이 깨지면서 몸에 이상이 생기는 것은 물론, 피부가 푸석푸

석해진다. 그리고 우리가 하는 걱정거리들 가운데 80%는 실제로 일어나지 않는 것에 대한 고민이라고 하니, 밤을 새워서 고민을 해봐야 소용없다. 그러니 그날 고민은 그날 해결을 하는 게 좋다. 아니면 깨끗이 잊어버리는 것이 좋다.

이 방법은 일하는 엄마에게도 필요하다. 일과 가정을 모두 책임지고 있기에 맺고 끊는 것을 확실하게 해야 편해질 수 있다. 그 이유는 회사에서 받은 스트레스나 처리해야 할 일들을 집까지 갖고 왔을 때 어떻게 될지 생각해보면 금방 알게 될 것이다. 물론 남편과의 부부싸움 또는 아이에 대한 걱정을 사무실이나 동료들 앞에서 하는 반대의 경우를 생각해봐도 마찬가지다.

그러니 사무실 문을 열고 나가는 순간, 회사에서 있었던 일은 깨끗이 잊어버려야 한다. 상사에게 한 소리를 들어서 기분 나빴던 일, 고객 또는 거래처 직원과의 일처리가 원만하게 이루어지지 않아 속상했던 마음, 끝내지 못한 일 때문에 받는 스트레스……. 많은 일이 퇴근하는 순간까지 발목을 잡겠지만 퇴근하는 그 순간부터 억지로라도 잊어야 한다. 집에서 있었던 일도 마찬가지이다. 내가 있는 바로 그 자리, 그 위치에 최선을 다해야 한다. 그 순간에 집중하는 것이 가장 좋다.

이론적으로는 간단하지만 막상 행동으로 실천하려면 그리 쉬운 일은 아니다. 감정이라는 것이 단칼에 무 자르듯 싹둑 잘라지는 것이 아니기 때문이다. 하지만 노력해서 안 되는 일은 없다. 그러니 의식적으로라도 노력해야 한다. 그래야 집에서도 회사에서도 제 역할을 제대로 할 수 있게 된다.

집과 직장을 구분하기 위해서는 자신만의 행위나 의식을 치르는 것이 도움이 될 수 있다. 의식이라고 해서 거창할 필요는 없다. 기계를 작동시키기 위해서 전원 스위치를 켰다 끄는 것처럼 가볍게 그리고 짧은 시간 내에 해낼 수 있는 것이 더 좋다. 그래야 매일매일 행동으로 옮길 수 있다.

나는 하루 일과를 마치고 집으로 들어가기 전 치르는 의식이 있다. 일단 일을 마치고 주변 정리를 한 다음 문을 열고 나서는 순간부터는 다음 내가 가게 되는 곳, 집에 대한 생각만 한다. 집에 가서 해야 할 일들을 생각하면서 어떤 순서대로 일을 할까에 대해 생각한다. 어떻게 하면 짧은 시간 내에 되도록 많은 일을 처리할 수 있을까를 생각하면서 시간 절약 계획을 세우는 것이다. 시간이 남을 때에는 주말에 아이들과 무엇을 할까에 대한 이벤트 계획도 세우고, 스케줄표를 보며 챙겨야 하는데 잊어버린 것은 없는지 확인하기도 한다.

3초의 멈춤, 자신을 관리하라

둘째 아이가 초등학교 다닐 무렵의 어느 날이었다. 컨디션이 좋지 않아서 그날은 집에 있었는데, 가만히 있지 못하는 성격 탓에 밀린 집안일을 겨우 마치고 소파에 쓰러지듯 누워 있을 때 아이가 돌아왔다. 볼일을 얼마나 참았든지 녀석은 "학교 다녀왔습니다"를 외치는 동시에 가방을 휙 집어던지고 화장실로 직행했다.

아이가 워낙 후다닥 움직이는 통에 얼굴도 제대로 못 본 채 잘 다녀왔냐고 인사를 했다. 그런데 아이는 화장실 문을 닫고 나오면서 오늘 무슨 안 좋은 일 있냐고, 아니면 어디 아프냐고 물어왔다. 왜 그런 생각을 했냐고 물었더니 그냥 그런 것 같다, 스치면서 엄마 얼굴을 봤는데 그런 느낌이 들었다고 했다.

우리집 화장실은 현관문을 열고 들어오면 곧바로 보이는 곳에 위치하고 있었는데, 아이가 뛰다시피 빠른 걸음으로 가면 10초 정도밖에 걸리지 않았다. 얼굴도 제대로 못 봤을 텐데 어떻게 엄마 상태가 별로 좋지 않음을 알아차렸을까 싶어서 깜짝 놀랐다.

흔히들 여자들에게는 '육감'이 있다고 하는데, 이게 여자들에게만 있는 게 아니다. 아이들에게도 여자들의 육감과 같은 '본능'이란 것이 있는데, 요즘 말로 하면 '촉'을 가지고 있는 것이다. 그래서 말하지 않아도 감으로 알아차린다. 촉으로 그 사람이 자기를 진심으로 예뻐하는지 그렇지 않은지를 또는 형식적으로 어쩔 수 없이 자기에게 잘 대해주는지 아닌지를 기가 막히게 잘 맞힌다. 아무리 머리를 쓰다듬어주고 선물을 사주어도 진심이 아니면 따르지 않는다. 반대로 선물을 하나도 사주지 않아도 자신을 진짜 예뻐하는 사람은 바짓가랑이를 잡고 늘어질 정도로 따라다닌다.

아이들에게도 살아남기 위한 수단으로 '본능'이란 것이 발달되어 있는 것이다.

그러니 아무리 엄마일지라도 아이들을 대할 땐 진심으로 대해야 한다. 진정으로 사랑해주고 예뻐해주어야 한다. 부모자식 간에 기본적으로 서로 사랑하고 위하는 마음이 있는데, 무슨 노력을 따로 해야 하느냐고 반문할 수도 있다. 하지만 그렇지 않다. 가족이라서 부모자식이라서 함부로 대하는 경우가 의외로 많다. 다른 사람들을 대할 땐 의식적으로 조심하지만, 가족이라는 이유로 내 기분 내키는 대로 대하거나 소홀하게 대하는 경우가 많아서 서로에게 상처를 주기도 한다. 가족이라도 어느 정도 의식적으로 노력해야 하는 부분이 있다. 내 배 아파서 낳은 자식이니까 당연히 사랑하고, 세상에 하나밖에 없는 내 아이이니까 그 무엇과도 바꿀 수 없을 만큼 예쁘겠지만 그래서 더 일부러 신경 써야 한다.

아이를 대할 때 신경 쓰지 않아도 되는 시간, 진심으로 대하지 않아도 되는 시간은 없다. 매 순간 아이를 사랑으로 보듬어야 하지만, 종일 떨어져 있다가 만나는 저녁 시간에는 좀 더 신경 써야 한다. 몸도 마음도 지친 상태여서 자신도 모르게 무표정하거나 신경질을 내기 쉽기 때문이다.

엄마 없이 하루를 보낸 아이 마음을 다독여주는 데는 안아주는 것이 좋다. 퇴근해서 처음 아이를 볼 때 환하게 웃으면서 따뜻하게 안아주는 것이 제일 좋다. 그러기 위해서는 엄마는 자신을 관리하는 노력이 필요하다. 예를 들면 집에 들어가기 전에 잠깐 멈추어 서서 심호흡을 세 번 정도 한다. 심호흡을 하며 현관문 손잡이를 잡기 전, 번호 키를 누르기 전에 입꼬리를 올리며 미소 짓는 연습을 같이 한다. 그렇게 마음의 준비가 되면 문을 열고 들어서면서 아이의 이름을 크게 부른다. 환한 미소를 지으면서 보고 싶었던 마음, 걱정하고 사랑하는 마음을 그대로 담아서 아이를 안아주는 것이다.

아이를 혼낼 때에도 마찬가지이다. 불같이 화가 치밀어 오를 때 잠깐 멈추어서 마음을 가라앉혀야 한다. 옛 어르신들은 아이를 혼낼 때 우선 말로 타일렀고, 그래도 안 될 때에는 일부러 아이에게 매를 구해오라 했다. 아이가 밖으로 나가서 매가 될 만한 나뭇가지를 구해오는 동안 자신의 화나는 마음을 가라앉히기 위해서 말이다.

자신이 감당하기 힘들 정도로 피곤하거나 마음이 불편한 상태일 때도 마찬가지다. 아이의 사소한 행동 하나 때문에 신경을 곤두세우거나 짜증 내기 전 심호흡을 두세 번 정도 한 다음 엄마의 상태를 아이에게 있는 그대로 설명해주어야 한다. 그렇게 일단 화가 나거나 짜증나는 것을 멈추고 마음 관리를 한 다음 차근차근 이야기를 해주면 아이도 엄마의 마음을 이해하고 충분히 배려해주려고 할 것이다.

주변 자원을 전략적으로, 적극 활용하라

나는 아이들이 다른 사람들에게 엄마의 직업을 말해야 할 때 어떤 걸

이야기해야 할지 고민된다고 할 정도로 여러 가지 일을 하고 있다. 아이들을 대상으로 하는 논술 수업을 하면서 성인들(주로 엄마들)을 대상으로 하는 코칭 강의도 한다. 저소득층 또는 차상위계층 아이들을 대상으로 하는 미술심리치료 봉사도 하고, 국제결혼으로 우리나라에 오게 된 외국인 여성들과 어르신들을 대상으로 한글을 가르치는 문해교육도 하고 있다. 또 시간 나는 대로 틈틈이 온라인으로 육아교육 상담도 하고, 교육 관련 원고와 책 출간을 위한 원고도 쓰고 있다.

사람들에게 이런 이야기를 하면 그렇게 많은 일을 하는 게 가능하냐고 물어올 때가 있는데, 수없이 넘어지고 부딪쳤다고 보면 된다. 물론 아직도 시행착오를 겪고 있다. 이리 비틀 저리 비틀 하면서 때로는 넘어져 상처가 나고 멍이 들곤 하는데, 그러면서 비결을 하나씩 터득하고 있다.

지금까지 터득한 비결 가운데 가장 중요하면서도 확실한 것은 주변의 자원들을 적극적으로 활용하는 것이다. 자원 중에서도 인적 자원을 확실하게 활용해야 하는데, 일하는 엄마에게 가장 가까이에 있는 자원은 바로 남편과 아이, 양가 부모님들이다. 인적 자원을 활용할 때에는 각각에게 알맞은 전략을 세워서 접근해야 한다.

우선 남편이란 자원을 활용할 때에는 논리적으로 접근해야 한다. 남편에게 힘이 드니 집안일을 해달라고 무작정 부탁하면 안 된다. 어쩌다 한두 번은 통할지 모르지만 지속적인 도움을 받기는 힘들다. 남편 입장에서 보면 '원래 내 일이 아니므로 안 해도 되는데 아내가 이렇게까지 이야기를 하니 한두 번 선심 쓰듯 해주지 뭐'라는 식으로 생각할 수 있기 때문이다. 이런 남편들에게 앞뒤 상황을 객관적으로 설명하고 어떤 일을 어떻게 도와주면 어떤 효과(도움)가 있다는 것을 차분하게 이야기하자. 원인에 따른 결과와 그 효과를 논리적으로 설명하여 남편 스스로가 가사에 동참해야겠다는 생각이 들도록 말이다.

시부모님, 친정 부모님들이란 자원도 적극적으로 활용해야 한다. 하지만 '절대 무리한 요구를 하지 않는다'라는 원칙으로 접근해야 한다. 왜냐하면 부모님들은 나이도 많고 몸도 쇠약해진 상태이기 때문에 힘들거나 오랜 시간 동안 해야 하는 일은 부탁하면 안 된다. 회식이라든가 출장, 야근 등 갑작스러운 일이나 어쩌다 본인의 힘으로 해결할 수 없는 일이 생길 때에만 긴급하게 활용하는 것이 좋다. 그리고 자신이 처한 상황이 얼마나 어렵고 힘이 드는지를 자세히 이야기하며 충분히 양해를 구해야 한다. 또 가능하다면 작은 선물이나 약간의 용돈을 드리며 고마움의 표시를 하는 것이 좋다.

말하지 않으면 아무도 모른다. 또 사람은 자기가 경험하지 않은 것은 모른다. 사람이란 존재 자체가 원래 자기가 해본 것, 경험한 것 이상의 것은 생각하지 못한다. 상상을 하거나 미루어 짐작은 할 수 있으나 막연하게밖에 알지 못한다. 그렇기 때문에 힘들면 힘들다고 상대방이 알 수 있도록 이야기해줘야 한다. 그래서 본인이 직접 나서서 도와주지 못할 경우에는 적절한 도움을 받을 수 있도록 조치를 취하는 등 다른 대책을 세우도록 전략을 짜야 한다.

주변 사람들을 먼저 배려하라

어른들은 아이들에게 친구들과 사이좋게 지내라고 한다. 친구들끼리 따돌리는 것은 나쁘다면서 잘 지내라고 한다. 그런데 어른들 세계를 보면 그렇지가 않다. 항상 그런 것은 아니지만 주변 사람들과 싸울 때가 있다. 말로 싸우기도 하지만 때로는 고성과 함께 주먹이 오가는 경우도 종종 있고, 편을 갈라 상대방을 은근히 무시하거나 노골적으로 못 본 척하면서 있어도 없는 투명인간 취급할 때가 많다.

일하는 엄마들도 소외당하는 경우가 종종 있다. 특히 엄마들 모임에서 그런 경우가 많다. 엄마들 모임을 은근슬쩍 전업주부들끼리 만드는 경우도 있지만, 때로는 대놓고 끼워주지 않는 경우도 있어서 섭섭할 때가 있다. 아예 노골적으로 일하는 엄마는 같이 모임을 안 했으면 좋겠다고 하는 경우도 많은데, 가만 생각해보면 이해가 안 되는 것은 아니다.

전업주부 입장에서 보면 일하는 엄마들이 학교 행사나 봉사 등 필요한 일이 있을 때에는 일한다는 핑계로 슬그머니 빠지는 게 얄미울 수도 있다. 힘든 일이나 번거로운 일이 있을 때에는 이 핑계 저 핑계 대면서 쏙쏙 빠지면서 학원 정보나 학교 소식 같은 것을 알고 싶을 때에는 언제 그랬냐는 듯이 적극적인 태도를 보이면 화가 나는 게 당연하다. 함께 모임을 갖고 싶은 생각을 잠깐 하다가도 손도 안 대고 코 풀겠다는 태도를 보면 그런 마음이 싹 사라지는 게 당연하다. 그래서 옛날 어른들은 '대접받고 싶으면 먼저 대접하라'고 하셨다. 내가 필요한 때 남의 도움을 받고 싶으면 평상시 내가 먼저 베풀어야 한다. 꼭 지금 당장 도움을 받지 않더라도 사람이 살다 보면 언젠가는 남의 도움을 받을 때가 생기기 마련이므로 평상시 많이 베풀며 살아야 한다.

그렇다고 돌려받을 것을 생각해서 잘해주어서는 안 된다. 상대방도 막연하게나마 자신에게 바라는 것이 있는 것 아닌가라며 불편함을 느끼게 된다. 그냥 평소에 주변 사람들에게 성심성의껏 잘 대해주면 내가 어려울 때 도움을 청하지 않아도 누군가가 나를 도와줄 것이라 믿으며 잘해주는 것이 좋다.

'뿌린 대로 거둔다'고 내가 필요로 하는 순간 남의 도움을 받으려면 기회가 되는 대로 도우면서 살아야 한다. 지금 당장은 손해 본다 싶을지 몰라도 장기적인 안목으로 보면 결코 손해 보는 장사는 아니다. 그러니 내 힘이 닿는 데까지, 할 수 있을 때 다른 사람들을 배려하고 챙기면서 복을 쌓아두는 것이 좋다. 악한 끝은 있어도 선한 끝은 없다.

손익분기점의 원칙을 생각하라

맞벌이 부부가 40~50%인 시대이긴 하지만 아직도 우리 주변의 어르신들이나 남자들 가운데 몇몇은 여자가 밖에 나가서 일하는 것보다 집에서 살림 잘하고, 애 잘 키우는 게 남는 거라고들 한다. 어찌 보면 이 말이 맞는지도 모르겠다. 일단 밖에 나가 일을 하려면 아이를 돌봐줄 곳에 맡겨야 하고, 그에 대한 대가를 지불해야 하는 등 돈이 들어가는 곳이 한두 군데가 아니다.

아이뿐만 아니라 엄마도 마찬가지다. 집에서는 맨 얼굴에 조금 편한 차림으로 있어도 괜찮지만 매일 출근을 하려면 화장도 해야 하고 옷차림에도 신경을 써야 해서 돈이 꽤 들어간다. 버는 돈과 쓰는 돈의 규모가 엇비슷해서 당장 보기에는 일하러 다니는 게 오히려 손해 보는 것 같이 느껴질 수도 있다. 실제로 많은 여자가 결혼 후 회사를 그만 두는 가장 큰 이유 가운데 하나가 일하느라 알게 모르게 아이에게 소홀하게 되는 경우가 많은데 그에 비해 이렇다 할 만큼 돈을 버는 것도 아니기 때문이다.

여기에 대해서는 조금 깊이 그리고 주의 깊게 따져볼 필요가 있다. 아이들이 어렸을 때에는 엄마의 보살핌을 많이 필요로 하기 때문에 일하는 것보다 아이를 돌보는 편이 남는 장사처럼 느껴질 수도 있다. 아이들 또한 유치원에 다니거나 초등학교 저학년일 경우에는 일하는 엄마보다 집에서 자기를 반겨주고 챙겨주는 엄마를 더 선호한다. 하지만 아이들이 고학년으로 올라가거나 중 · 고등학교에 진학하면서 더 이상 엄마 손이 필요하지 않게 되면 상황이 뒤바뀐다. 이때에는 본인 스스로도 엄마 역할에 대해 혼란스러워하면서 자신의 정체성에 위기도 느끼게 되고, 동시에 아이들도 일하는 엄마, 어떤 분야에서 자기 몫을 당당하게 해내고 있는 엄마를 원하게 된다.

느리다 못해 오기는 하는 걸까 하는 의문까지 들기도 하겠지만 순간순간에 최선을 다하며 버티면 손익분기점을 지나 전환기가 반드시 온다. 어린 아이들을 따라다니며 하나에서 열까지 일일이 챙겨주는 전업주부들 속에서 나 혼자만 부모 노릇 제대로 못하는 것 같은 죄책감에 사로잡히기 쉬운 시기, 학부모 모임에서조차 전업주부들이 중요한 일들을 도맡아 활동하면서 은근히 일하는 엄마들을 무시하거나 따돌리는 그 시기는 길어봤자 10여 년이다. 그 이후의 시기부터는 입장이 뒤바뀐다. 회사와 일 때문에 늦는 남편과 학교와 학원을 오가느라 집에 늦게 들어오는 아이를 보며 전업주부들이 일하는 엄마들을 부러워하기 시작한다. 아이들이 성장해서 자기만의 세계를 구축하기 시작하는 시기부터 남은 몇십 년의 인생은 일하는 엄마가 더 우위에 놓이게 되는 것이다.

그러니 일하는 엄마는 자기 인생에서 언제가 되면 손익분기점에 도달하는지를 잘 계산한 다음 그때까지는 일과 아이 사이에서 중심을 잘 잡아야 한다. 자기 삶을 열심히 살면서 균형 잡힌 생활을 해야 아이에게도 좋은 영향을 미친다. 본인을 위해서 그리고 아이를 위해서 일하겠다는 원칙을 잘 지켜야 한다. 물론 때로 일을 그만 두고 아이를 보살피고 싶다는 유혹이 들 때가 있을 것이다. 일하는 것이 힘만 들 뿐 남는 것이 거의 없다고 느껴지면서 전업주부의 삶을 누려 보고 싶다는 생각이 들 때도 있다. 그럴 때에는 멀리 내다봐야 한다. 일반적인 여성의 경우 아이들과 함께하는 시간은 전체 삶의 3분의 1 정도 밖에 안 된다. 일을 그만 둘지 계속할지를 결정하기 전에 나머지 인생 3분의 2 기간을 어떻게 보낼 것인지에 대해 고민해봐야 한다. 아이를 어느 정도 키운 다음 사회로 다시 나온다거나 복직을 하면 된다고 생각하기 쉽지만 아시다시피 그 일이 쉽지만은 않다. 더군다나 일을 그만 두기 전과 비슷한 환경에서 일할 수 있는 확률은 하늘의 별 따기만큼 어렵고 가능성 낮은 일이다. 나중에 땅을 치며 후회할 일은 애초에 하지 않는 것이 최선책이다. 그러므로 손익분기점으로 정한 그 시기까지는 열심히 직장과 가정에 매진하자.

스스로에게 선물하라

일부러 물을 유입시키거나 마르게 하기 전까지 우물은 어느 정도의 물 높이를 일정하게 유지한다. 이는 땅 속의 지하수가 주변으로 빠져나가지 못하게 하는 층이 있어 그 안에 물이 고여 있기 때문이다. 지하수 위쪽에 있는 흙 무게로 물이 꽤 높은 압력을 받고 있기 때문에 가능한 일이다. 하지만 주변 땅을 물 수위까지 파게 되면 흙의 양이 줄어들면서 물에 가해지는 압력이 낮아져 고여 있던 물은 압력이 낮은 쪽으로 새어나가게 된다. 그리고 시간이 점차 흐름에 따라 새어나가는 양이 점점 많아지게 되어 우물이 마르게 된다. 일단 우물이 마르면 다시 샘솟게 하기란 거의 불가능에 가깝다. 그러니 우물이 마르기 전 또는 쓸데없는 곳으로 새어 나가기 전에 중간중간 점검을 해서 반드시 보완을 해야 한다.

우리가 살아가는 모습도 우물과 같다. 늘 물이 가득 차 있을 것 같지만 하루하루를 살아가면서 자기 자신을 혹사시키면 우물이 메말라버린다. 어른이 되면서 특히 책임져야 할 가족과 아이가 생기면 자기 자신도 모르게 이런 실수를 저지르게 된다.

일하는 엄마는 절대 철인이 아님에도 불구하고 자신을 무쇠로 만든 로봇처럼 여기며 무리하게 일을 할 때가 많다. 지금 당장 아무런 이상이 없다고 해서 자신이 가진 에너지를 조금씩조금씩 꺼내 쓰다 보면 생각지도 못한 순간에 우물이 메말라버리듯이 에너지가 고갈된다. 처음 얼마 동안은 일의 진도도 잘 나가고 결과물도 훌륭하게 나올 수 있지만, 얼마 못 가서 쉽게 지쳐버린다.

이런 문제가 발생하지 않도록 하기 위해서는 중간중간 자신에게 선물을 하는 방법을 취해보는 것이 좋다. 어떤 목표를 정하고 그 목표를 달성했을 때 스스로를 기특하게 여기며 작은 선물을 함으로써 기분 전환을 할 수 있도록 말이다.

굳이 그럴 필요까지 있나 하는 의문을 가질 수도 있지만 '선물'이라는 매개체를 통해 좀 더 확실하게 동기를 부여하게 된다. 동기가 확실해지면 목표 달성을 위해 더 열심히 그리고 더 많은 노력을 기울일 수 있게 되며, 성취감은 배가 된다. 바쁜 일상에 지치기 쉬운 생활에서 잠시나마 행복감을 만끽할 수 있게 해주는 이런 선물은 삶의 활력소로 작용한다. 행복하고 즐거운 생활은 선순환을 불러오며 가족들에게도 긍정적인 영향을 미치면서 일하는 엄마의 삶을 의미 있게 만들 수 있다.

일주일에 1시간 이상 자신만을 위한 시간을 즐겨라

일을 하다 보면 똑같은 일인데도 불구하고 유난히 힘겹게 느껴지거나 견딜 수 없을 것같이 숨이 막힐 때가 있다. 정신없이 살다가 문득 멈춘 것 같은 느낌이 들면서 하는 일에 대한 의욕이 떨어지는 경우를 대개 '슬럼프'라고 한다. 이 슬럼프는 사람이라면 누구나 다 몇 번씩은 겪는 일이다.

누구에게나 또 언제 어디에서나 겪을 수 있는 슬럼프는 나 혼자만의 문제가 아니라 대부분의 사람들도 겪으면서 또 이겨내면서 살아가고 있다. 문제는 이런 슬럼프를 겪는 것이 아니라 어떻게 반응하고 대처하느냐이다. 자신이 슬럼프에 빠졌다는 사실을 깨달았다면 그 사실을 부정하거나 거부하지 말고 인정하고 받아들여야 한다. 모든 문제 해결의 기본은 객관적으로 현실을 직시하여 있는 그대로 받아들이는 것에서부터 시작된다. 자신이 슬럼프에 빠졌음을 인정한 다음에는 거기에서 머무르지 말고 벗어나고자 적극적으로 노력해야 한다. 다른 사람들의 도움을 받을 수는 있지만 중요한 것은 본인 스스로 극복하려는 노력이다.

슬럼프에서 벗어나기 위해서는 우선 자신에게 슬럼프가 왜 왔는지를 깨달아야 한다. 슬럼프가 오는 이유는 사람마다, 상황에 따라 다르다. 어느 때는 육체적으로나 정신적으로 너무 피곤해서 올 수도 있고, 어느 때는 미래에 대한 불안감 때문에 올 수도 있다. 또 연속된 실패로 인해 오기도 하고, 가족이나 직장 동료 등 주변 사람들과의 갈등 때문에 오기도 한다. 어느 때에는 매일 똑같은 일상 때문에 올 수 있다.

슬럼프가 오는 원인도 다양하지만 벗어나는 방법도 다양하다. 그렇기 때문에 자신이 왜 슬럼프에 빠지게 되었는지를 곰곰이 생각해보고 그에 따른 대처 방안을 찾아보는 것이 좋다. 지나치게 높은 목표를 설정해놓고 그것만 생각하며 정신없이 달렸기 때문에 슬럼프가 왔다면 그동안 팽팽하게 유지하고 있던 긴장을 풀고 하던 일을 잠시 멈추는 것이 좋다. 업무와 성과에 대한 욕심을 내려놓고 스스로에게 휴식을 주기 위해 여행을 가거나 책을 읽는 등 취미생활을 즐기는 것이 좋다. 눈앞의 이익만 추구하다 보면 얼마 못 가서 더 큰 문제에 부딪힐 수 있기 때문이다.

다람쥐 쳇바퀴 돌 듯 그날이 그날 같은 단조로운 생활 때문에 슬럼프를 겪고 있다면 일상생활에 변화를 주기 위해 새로운 것에 도전해보는 것이 좋다. 매일 아침마다 똑같은 출근길을 고집할 것이 아니라 조금 돌아가더라도 평소 가보지 않은 길로 간다거나 다른 일을 해보는 것이 좋다. 가벼운 운동이나 등산, 달리기 등 신체적인 자극을 주어 활력을 느낄 수 있도록 하는 것도 좋다. 작고 사소한 이런 활동들을 통해 심리적 변화를 유도할 수 있는 것이다.

슬럼프가 왔을 때 있는 그대로의 자기 모습을 인정하고 받아들여 성장의 발판으로 삼는 것도 좋지만, 그보다는 주기적으로 자기만의 시간을 가지면서 슬럼프에 빠지지 않도록 하는 것이 더 현명하다. 그러기 위해서는 일주일에 한 번 정도는 오로지 자신만을 위한 시간을 갖는 것이 좋다. 일주일 동안 쌓였던 스트레스도 풀고 심리적으로 부담스러웠거나 힘들었던 문제들을 해결하는 시간을 주기적으로 가지면서 오롯이 자신에게 투자하는 시간을 가지면 큰 도움이 된다. 슬럼프를 완전히 막지는 못하겠지만 자기 자신만을 위한 시간을 통해 내면의 '나'를 들여다보면서 스스로를 치유할 수 있게 되기 때문이다.

능력 개발을 위해 소득의 10%를 투자하라

일하는 엄마로 하루하루를 정신없이 살다 보면 자기계발은 엄두도 못낸다. 하지만 상황이 어렵고 힘이 들수록 자신을 챙겨야 한다. 가족이 소중한 만큼 그들을 돌보는 나 자신도 소중하다는 사실과 자기 자신부터 건강하고 즐거워야 가족도 건강하고 행복해질 수 있다는 것을 명심해야 한다. 그러니 주변 여건에 발목 잡힌 채로 자기계발을 망설이거나 그림의 떡처럼 생각하지 말고 과감하게 투자하자.

처음 얼마 동안은 다른 가족들 챙기느라 늘 뒷전이었던 자신에게 따로 시간을 내는 것도 미안하고, 빠듯한 살림살이에 자기계발 명목으로 약간의 경비를 지출한다는 것이 쉽지 않을 것이다. 하지만 자기 자신을 위해 시간과 비용을 투자하다 보면 아이들과 남편에게 미안한 마음이 들어서라도 더 잘해주려고 노력하게 된다. 또한 자기계발을 통해 자신 감이 생기면서 자신에 대한 만족감도 높아진다. 엄마가 행복을 느끼면 그 행복은 고스란히 아이들에게 전해지게 된다. 그럼으로써 가족 모두 가 함께 행복하고 즐거운 생활을 할 수 있게 된다.

자기계발은 사회적으로도 꼭 필요하다. 일하는 엄마가 계속해서 일을 하고자 한다면 자신만의 무기, 다른 사람이 대체할 수 없는 그 무엇인가 를 가지고 있어야 한다. 요즘같이 고용이 불안한 시대에 살면서 권고사 직 등과 같은 일을 당하지 않으려면 뛰어난 실력과 시대의 요구에 발맞 출 수 있는 감각을 지니고 있어야 한다.

어느 기업에서 전 세계 기업인들 100만 명을 대상으로 일하는 엄마를 고용하지 않는, 또는 고용하기를 꺼려 하는 이유에 대한 설문조사를 하 였다. 우리가 주목해야 하는 부분은 그 결과인데, 많은 기업인이 공통적 으로 말한 이유는 다른 사람들에 비해 기술이 뒤처지기 때문이라고 말 했다. 많은 기업인이 일하는 엄마가 다른 사람들보다 기술이 뒤처진다고 생각하는 까닭이 무엇일까? 다소 억울하게 생각되는 면도 있겠지만 억 지나 단순한 선입견 때문이라고만 할 수도 없다. 냉정하게 따져 보면 일 하는 엄마들은 퇴근 후에도 가사와 육아에 치여서 자기계발을 소홀히 하는 경우가 많기 때문에 어느 정도 이해가 되는 부분이다.

사정은 충분히 이해가 되지만 그렇다고 그것이 면죄부가 되지는 않는다. 사회생활을 해본 사람이라면 빠르게 변화하는 경쟁사회에서 살아남기 위해서는 늘 공부하고 노력해야 한다는 것을 절실히 느낄 것이다. 프로의 세계에서는 어느 누구도 대신할 수 없는 자신만의 비법이나 무기가 있어야 한다. 아마추어와는 다른 프로의 세계에서 살아남으려면 언제 어떤 일이 생기더라도 그에 대처할 수 있도록 지식 습득과 함께 끊임없는 자기계발이 필수이다.

회사를 그만 둘 것이 아니라면 일하는 엄마도 실력을 한 단계 상승시킬 수 있도록 자기계발을 위해 노력해야 한다. 수입의 일정 부분을 고정적으로 투자하면서 업무와 관련된 능력을 계발시키면서 자신의 실력을 갈고 닦아야만 한다. 그래야 다른 사람들로부터 인정받을 수 있고, 치열한 경쟁 사회에서 살아남을 수 있으며, 승진도 할 수 있다. 바쁜 일상생활 속에서도 틈틈이 자기계발을 해야 하는 것은 매일 저녁 휴대전화를 충전하는 것과 같다. 배터리 부족으로 휴대전화가 꺼지지 않도록 하는 것처럼, 직장 동료들에게 뒤처져서 승진에서 밀리거나 회사에서 퇴출당하지 않을 수 있다.

1700년대 미국의 정치가이자 과학자이면서 문필가로 활동하던 벤저민 프랭클린은 "많은 사람이 25세에 죽지만 65세까지는 땅에 묻히지 않는다. 젊음과 늙음의 기준은 몸의 노화가 아니라 자신에게 '꿈이 있느냐

없느냐이다. 즉 나이 드는 것을 무서워하지 말고 '의욕상실'을 두려워하고 경계하라"고 말했다.

일하는 엄마가 가족들과 행복하게 생활하면서 보다 의욕적으로 일을 하기 위해서는 끊임없이 자기 자신에게 투자하여 능력을 개발하고 발전시켜나가야 한다. 이 세상에서 가장 중요하고 가장 가치 있는 사람은 바로 '나'이며, 나에 대한 최상의 조언자 역시 바로 '나' 자신임을 가슴에 새기면서 말이다.

시테크 전략을 세워라

'인리승변(因利乘便)', 커피가 마시고 싶을 때 주방에 간 김에 물 끓는 시간 동안 설거지를 한다. 머리 감으러 욕실에 들어간 김에 바닥 청소를 한다. 끓인 물이 남았을 때 싱크대에 베이킹 소다를 뿌리고 청소를 한다. 이렇게 하면 한꺼번에 또는 짧은 시간 내에 두세 가지 일을 처리할 수 있을뿐더러 자잘한 일들을 하기 위해서 따로 시간을 내지 않아도 되기 때문에 일석이조의 효과를 얻을 수 있다. 나 역시도 집안일을 할 때 이 방법을 자주 사용하고 있다. 시간도 절약하고 귀찮은 일들을 가뿐하게 해치울 수 있기 때문이다.

이처럼 기회가 생겼을 때 해야 할 일을 해버리는 것을 두고 '떡 본 김에 제사 지낸다'라고 한다. 어떤 일을 할 때 하나에서 열까지 준비를 완벽하게 한 후 해야 할 때도 있지만 가끔은 여건이 될 때, 기회가 닿았을 때 그 자리에서 당장 해치우는 편이 훨씬 나을 때도 많다.

내친 김에 하는 일은 일단 일을 대하는 마음의 자세가 가볍기 때문에 어렵지 않게 일을 시작할 수 있다. 또 이미 마음의 준비가 되어 있기 때문에 일을 해내는 속도도 빠르다. 마음먹었을 때 하는 것은 그리 어렵지 않다. 하지만 나중으로 미루었다가 하려면 이미 또 하나의 일거리가 되어 마음에 부담으로 작용한다. 마음의 부담을 잔뜩 안은 채 일을 제대로 해내려면 시간은 시간대로 걸리고 몸은 몸대로 힘들어진다.

일하는 엄마에게는 우연히 운 좋은 기회에 하려던 일을 해치운다, 뜻하지 않던 기회를 만나 자기가 하려고 하던 일을 이룬다는 의미인 '소매긴 김에 춤춘다. 넘어진 김에 쉬어 간다'와 같은 속담들을 마음에 새기고 생활 속에 하나씩 적용해보는 것이 좋다.

기회가 왔을 때 해야 할 일을 바로 처리하는 것이 일 잘하는 비법이자, 시테크 전략이다. 바쁜 일상으로 늘 시간에 쫓겨 허덕이는 일하는 엄마에게는 이렇게라도 시간을 쪼개 여러 가지 일을 한꺼번에 또는 짧은 시간 내에 처리할 수 있으면 그 자체만으로도 많은 도움이 될 것이다.

세밀하게 계획하라

어떤 일을 할 때 몸으로 직접 부딪히며 하나씩 깨닫고, 그 깨달음을 바탕으로 문제점들을 해결하면서 목표한 바를 달성하는 방법도 있다. 하지만 일을 시작하기 전에 세운 계획에 따라 하는 방법도 있다. 일의 성격에 따라 또는 주어진 환경이나 조건 등에 따라서 효율성이나 효과가 달라진다. 또한 어떤 사람이 하느냐에 따라서 일을 해결해나가는 방식과 성과 또한 달라진다. 그래서 딱 꼬집어 이 방법이 낫다, 저 방법이 옳다라고 단정 지어 말할 수는 없다.

하지만 일반적으로 일을 효율적으로 처리하면서 효과를 보려면 실행에 옮기기 전에 계획을 세운 다음 차근차근 풀어나가는 방법을 권한다. 그러나 계획을 세워놓고 그에 따라 움직이다 보면 정해진 틀이나 규칙 안에서 움직여야 하기 때문에 오히려 융통성이 떨어질 수 있다는 단점이 있다. 하지만 조직적이고 체계적으로 짜인 계획을 따르면 대부분 일 처리를 일사천리로 할 수 있다. 또한 여러 가지 문제 상황들을 사전에 점검하면서 수정하여 최적의 시스템을 만들었기 때문에 일에 대한 집중도를 높일 수 있어서 시간도 절약할 수 있고, 피로감도 덜 수 있다는 장점이 있다.

가능하다면 어떤 일을 시작하기 전에는 계획을 먼저 세우는 것이 좋다. 머릿속으로 시뮬레이션해보면서 갑자기 발생할 수 있는 일들에 대해 미리 생각을 해보고, 이에 대한 대책을 세우는 등 구체적으로 계획을 세우는 것이 좋다. 그러면 갑작스럽게 발생한 일 때문에 허둥지둥하지 않아도 되고, 시행착오를 줄일 수 있다.

특히 집안일처럼 비슷한 양상으로 진행되는 일이나 단순반복적인 일의 경우에는 계획을 세우고 결과를 분석해서 다음에 반영시키면 조금씩 개선해나갈 수 있어 많은 도움이 된다. 대개 매일 반복되는 일들은 대부분 습관처럼 움직이기 때문에 머리를 써서 체계적이고 조직적으로 움직이기보다는 내키는 대로 움직이기 쉽다. 몸이 저절로 반응을 보일 만큼 거의 일정한 수순으로 일이 진행되기 때문에 제대로 된 계획이나 절차를 한 번만 세워놓으면 그다음부터는 따라 하기만 하면 된다는 장점이 있다. 이제까지의 수많은 경험을 바탕으로 일의 진행 과정과 결과를 돌이켜보면서 좋은 점, 잘한 것과 잘못된 점, 불편했던 것들을 분석한 다음 이를 계획에 반영시켜 개선하면 효율을 최대로 이끌어낼 수 있다.

계획을 구체적이고 자세하게 세울수록 행동으로 옮기기 쉽고, 목표를 달성하기도 쉽기 때문에 지치지도 않는다. 하지만 몇 가지 주의할 점이 있다. 일을 잘 처리하는 것이 가장 중요함에도 불구하고 지나치게 계획 세우기에만 몰두해서 이 단계에서 기진맥진해버리면 안 된다. 또 발생할지 안 할지도 모르는 상황들에 대처하는 방안 마련에 너무 많은 시간을 허비하지 않도록 해야 한다.

생활을 단순화하라

생활을 단순화하라고 하면 아침에 회사로 출근했다 업무 마치면 곧장 집으로 퇴근하는 생활을 생각할 것이다. 1년 365일을 그런 식으로 생활한다면 무슨 재미로 사냐고 말할 것이다. 제한된 사람을 만나거나 정해진 틀에서 벗어나지 않고 산다는 것을 상상하며 재미없다거나 무미건조한 삶이라고 여길 수도 있다.

하지만 생활을 단순화하라는 것은 정해진 생활 반경 속에서 틀에 박힌 일과를 말하는 것이 아니다. 여기서 이야기하고자 하는 생활을 단순화하는 것은 정리정돈이 잘된 생활, 질서정연하게 자리 잡은 생활을 말하는 것이다. 해야 할 일들의 순서가 가지런히 정돈되어 있는 생활, 필요 없는 일이나 쓸데없는 행동들은 제외하여 꼭 필요한 일들만 순서대로 나열되어 있는 생활을 말하는 것이다.

생활을 단순화하려면 우선 자신에게 필요한 물건이 무엇인지, 반대로 자주 사용하지 않거나 필요하지 않은 물건은 무엇인지를 알아야 한다. 필요한 것만 취하고 나머지들은 없어도 되거나 다른 물건으로 대체가 가능한 것들이라면 과감하게 정리해야 한다. 다른 사람에게 나누어 주거나 재활용센터에 보내는 등으로 처분을 하는 것이 좋다.

이것은 비단 물건만이 아니라 인간관계에서도 마찬가지다. 주변 사람들 중에서도 만남을 유지하며 지속적으로 챙겨야 할 사람과 그냥 인사를 주고받을 정도로 관계를 유지해야 하는 사람, 더 이상 연락하고 지내는 것이 무의미한 사람등을 구분해서 관계를 정리하는 것이 좋다.

생활을 이렇게 단순하게 정리하면 여러 가지 좋은 점이 있다. 바쁜 일상에 치여 늘 허덕거리며 사는 사람의 경우 일단 '이걸 해야 하나? 말아야 하나? 여길 가야 할까? 안 가도 되지 않을까?' 등과 같은 고민을 하지 않아도 된다. 정해진 순서에 따라 움직이면 생활이 단순해지면서 뇌와 몸이 본능적으로 환경을 알아차리고 기억을 되살리기 때문이다. 그래서 머리보다 몸이 먼저, 생각보다 행동이 먼저 앞서게 되면서 잡생각이 줄어들어 효과적으로 일을 할 수 있게 된다.

또한 이것저것 신경 쓰지 않아도 되니 그로 인한 피로감도 줄어들고 에너지 낭비도 줄일 수 있다. 필요 없는 활동, 쓸모없는 일을 하지 않아도 되니 그만큼 시간 낭비도 없다. 그 결과 한 가지 일을 하더라도 고도의 집중력을 발휘하게 되어 일의 효율성도 커진다. 내가 진짜로 신경을 써야 하고 도움이 필요한 사람이나 일에 보다 많은 정성과 관심을 기울일 수 있게 된다. 일하는 엄마의 경우에는 항상 부족하게만 여겨지는 아이와 보내는 시간을 좀 더 늘릴 수 있는 동시에, 아이에게 온 정성을 쏟을 수 있어 질적으로 우수한 시간을 보내게 되는 효과도 있다.

그러므로 일상생활을 거추장스럽게 만드는 거품을 확 걷어버리고 꼭 필요한 것들만 알뜰하게 챙겨 단순하게 만들도록 하자. 그래야 똑같은 24시간이라도 좀 더 알차고 실속 있게 생활할 수 있다.

도구를 이용하라

인간이 동물들과 다른 점은 바로 '도구의 사용'이다. 어떤 일을 할 때 사람은 도구를 이용하지만 동물들은 그렇지 않다는 것이 인간의 우월성을 증명하는 근거로 내세우곤 한다. 물론 원숭이나 침팬지, 고릴라 등의 영장류는 사람처럼 도구를 사용하기도 한다. 침팬지가 가늘고 기다란 나뭇가지를 개미굴에 넣었다 뺐다 하면서 개미를 낚거나, 딱딱한 호두 같은 견과류를 먹기 위해 돌을 이용하여 깨먹기도 한다. 심지어 해달은 자기 배 위에 넓적한 돌을 얹어놓고 조개를 부딪쳐 까먹기도 하고, 뉴칼레도니아 까마귀들은 이솝우화에 나오는 이야기처럼 입구가 좁은 물병에 돌을 집어넣어 물을 마시기도 한다. 그럼에도 여전히 인간을 '만물의 영장'이라고 하는 까닭은 필요에 따라, 목적에 맞게 도구를 만들어 사용하기 때문이다.

일하는 엄마들은 도구, 특히 기계를 사용할 필요가 있다. 단순한 도구 사용에 그치는 것이 아니라 가능하다면 최대한 적극적으로 사용하는 것이 좋다. 예를 들면 과자 부스러기나 먼지를 빨아들이기 위해 청소기를 돌리는 데에는 기껏 해봐야 10~20분밖에 걸리지 않는다. 크게 힘든 일도 아니고 시간도 그다지 오래 걸리지 않기 때문에 대수롭게 생각하지 않을 수 있다. 하지만 일하는 엄마에게 그것도 정신없이 움직여야 하는 아침 또는 저녁 시간의 10~20분은 결코 무시할 수 없을 만큼 중요한 시간이며 긴 시간이다. 이럴 때 집안 구석구석을 혼자 돌아다니며 먼지를 빨아들이고 충전까지 자동으로 하는 로봇청소기는 큰 도움이 된다.

물론 로봇청소기 같은 기계들은 투자비용이 만만찮게 든다. 선뜻 구매하기에는 적은 금액이 아니기 때문에 망설여질 수 있다. 하지만 조금만 생각을 달리 한다면 그 비용이 아깝거나 터무니없이 비싸게 느껴지지는 않을 것이다. 그런 기계를 사용함으로써 일하는 엄마는 시간적인 여유를 얻을 수 있기 때문이다. 이외에도 하루 종일 업무 때문에 힘들고 지친 상태에서 정신적인 부담감과 육체적인 피로감을 줄일 수도 있기 때문이다. 또 정신적 · 심적 평온함을 얻게 됨으로써 가족들과의 관계 개선에 많은 도움을 받을 수 있다.

일하는 엄마들이 사용하면 많은 도움을 받을 수 있는 도구들은 식기세척기, 스탠드식 스팀다리미, 건조까지 되는 드럼 세탁기, 먼지 흡입과 물걸레질까지 함께 되는 스팀청소기 같은 것들이 있다. 주문만 하면 매일 아침 현관 앞까지 배달해주는 국반찬 서비스도 있고, 온라인 주문 쇼핑 서비스 등도 있으니 적극적으로 활용하면서 최소한의 노력으로 최대한의 효과를 얻도록 해보자.

물론 이런 도구나 서비스를 이용한다고 해서 모든 것을 완벽하게 해결해주지는 않는다. 기계이다 보니 본격적인 작동을 하기 위해서는 사람 손길을 요구하며, 다양한 고객들을 일괄적으로 상대하는 업체 서비스이다 보니 100% 마음에 들 수도 없다. 그래도 늘 피곤하고 해야 할 일들에 비해 턱없이 시간이 부족한 일하는 엄마들에게는 한 템포 쉬어갈 수 있는 휴식 같은 역할을 해주니 활용할 가치는 충분하다.

같이 있는 시간에는 함께 활동하라

전업주부에 비해 일하는 엄마는 아이와 함께하는 시간이 상대적으로 부족하다. 그래서 엄마로서 아이에게 항상 미안한 마음이 들겠지만, 그렇다고 안타까워하거나 좌절할 필요는 없다. 아이와 얼마나 많은 시간을 함께 보내느냐가 중요한 것이 아니라 아이와 함께하는 시간을 얼마나 알차게 보내느냐가 훨씬 더 중요하기 때문이다. 한마디로 '양'보다는 '질'이다.

함께하는 시간이 적은 만큼 되도록 아이와 같이 있는 시간에는 아이와 같은 활동을 하는 것이 좋다. 엄마와 함께 있다는 것 자체만으로도 아이는 심리적 안정감과 정서적 충족감을 가질 수 있기 때문에, 무언가 특별한 것을 해야 한다는 부담감은 가지지 않아도 된다. 함께 있는 시간 동안 아이와 같이 할 수 있는 것이면 무엇이든 상관없다. 같이 하는 것 자체만으로도 좋다. 엄마와 함께 무엇인가를 한다는 것 그 자체만으로도 아이에게는 특별한 의미가 있다. 물론 평상시 하기 힘든 일이나 색다른 경험을 하면서 좋은 추억거리를 쌓는 것도 좋다. 하지만 그러려면 엄마 입장에서는 심적 부담감부터 생길 수 있기 때문에 별로 바람직하지 않다.

일상생활 속에서 아이와 함께할 수 있는 활동들은 의외로 많다. 퇴근해서 집안 청소를 하거나 식사 준비를 할 때, 분리수거를 하거나 시장을 보러 갈 때 아이와 함께하는 것이다. 이런 일들은 대개 엄마 혼자서 후다닥 해치우려고 하는 경향이 많은데, 엄마가 하는 일에 아이를 동참시키면 좋은 점들이 많다.

엄마 입장에서야 아이와 함께하면 이것저것 챙겨야 하고, 하나에서 열까지 가르쳐주어야 하고, 제대로 하고 있는지 일일이 봐주어야 하고, 행여나 다칠까 한순간도 긴장을 늦출 수 없는 등 신경 쓸 일이 한두 가지가 아니어서 번거롭고 힘들 수 있다. 게다가 혼자 하면 10~20분이면 해치울 수 있는 일인데도 아이 때문에 두 배 세 배로 시간도 더 많이 걸리니 선뜻 엄두가 나지 않을 수도 있다.

하지만 아이 입장에서는 엄마와 무언가를 함께한다는 사실 그 자체만으로도 동질감을 느끼면서 심리적 안정감, 정서적 충족감을 갖는다. 아이가 자신도 엄마에게 도움이 되는 사람, 엄마를 도와줄 수 있는 존재라는 것을 깨닫게 되면서 스스로 자긍심을 갖게 된다. 또 스스로 할 수 있는 일이 많아짐에 따라 자기 효능감과 자존감을 쌓을 수 있다. 또한 엄마가 가족을 위해 어떤 일을 하는지, 얼마나 수고하고 있는지 등을 깨닫게 되면서 감사하는 마음을 갖게 된다.

아이 역시 반복되는 과정을 거치면서 자기 나름대로 어떻게 하면 일을 좀 더 효과적으로 처리할 수 있을지에 대한 방법을 찾아내게 되는데, 이를 통해 문제해결 능력을 기르게 된다. 그렇게 되면 어떤 문제 상황에 놓이더라도 당황하지 않고 자신에게 주어진 일을 잘 처리할 수 있게 된다. 물론 이 과정을 거치면서 엄마가 아이를 가르쳐주고 챙겨주면서 신경 써 주어야 하는 부분은 자연스럽게 줄어들게 되고, 그 결과 아이가 그 일들 을 해내는 데 걸리는 시간도 점점 줄어든다. 나중에는 아이 혼자서도 척 척 해내게 되는, 아이의 자립심을 기르는 효과도 누릴 수 있다.

단 이때 엄마가 하는 일에 아이를 강제로 끌어들여서는 안 된다. 게임 이나 놀이로 접근을 하면서 아이가 자발적으로 재미있게 참여할 수 있도 록 유도하는 것이 좋다. 가령 청소를 할 때 "엄마는 지금부터 거실이랑 주방을 치울게. 엄마가 두 곳을 치우는 동안 너는 네 방을 치우면 어떨 까? 우리 지금부터 같이 청소를 하면서 누가 빨리 치우나 내기해볼까? 빨리 치우는 사람이 이기는 것이지만, 그래도 청소는 제대로 해야겠지?" 하는 식으로 내기를 하거나 "지금부터 ○○○의 요리교실이 열리겠습니 다. ○○○선생님, 이 재료는 어떻게 다듬는 것이 좋은지 시범을 보여주 시겠습니까?" 하는 식으로 재미난 놀이를 하듯이 아이를 활동 속으로 빠 져들게 해야 제대로 효과를 볼 수 있다.

활동이 끝나면 그에 상응하는 보상을 해주는 것도 좋다. 그래야 다음 에 또 하고 싶은 생각이 들 것이다. 보상이라고 해서 특별한 것을 준비해 야 하는 것은 아니다. 청소를 먼저 끝내는 내기를 하는 경우 속도를 조절 하며 아이가 이길 수 있도록 해주어서 기분 좋게 해주고, 스스로 자기 방 을 깨끗이 치울 수 있다는 사실에서 성취감을 맛볼 수 있게 해주면 된다.

요리를 할 경우 엄마가 혼자 만든 것보다 훨씬 맛있다고, 어쩜 그렇게 요리를 잘하느냐고 칭찬해주면서 가족들이 맛있게 먹어주는 것으로도 충분하다.

일과 속에 숨겨진 자투리 시간을 적극 활용하라

사회가 복잡해지고 현대화되면서 더 바빠진 것은 사실이다. 그래서 현대를 살아가고 있는 우리들은 늘 '바쁘다 바빠'를 입에 달고 살고 있다. 특히 1인 2~3의 역할을 해내고 있는 일하는 엄마의 경우 "하루가 24시간이 아니라 48시간이었으면 좋겠어"라거나 "여기를 봐도 해야 할 일, 저기를 봐도 할 일. 사방이 할 일 태산이니, 내가 몸이 두세 개였으면 좋겠다"라는 푸념과 한탄을 늘어놓는다.

그런데 주변을 가만히 둘러보면 몇몇 사람들은 신기할 정도로 여유가 있다. 똑같이 직장생활을 하고 똑같이 살림을 하는데 그 사람들은 여유를 즐기면서 살아간다. 주어진 환경이나 여건이 별반 다르지 않음에도 한쪽은 금방이라도 쓰러질 듯이 허덕이며 살고, 또 한쪽은 여유 있게 하고 싶은 일들을 하며 살고 있다.

이 둘의 차이는 무엇이며, 이런 차이점은 어디에서부터 기인되는 것일까? 둘의 차이는 똑같이 주어진 시간을 어떻게 쓰느냐의 문제이다. 시간을 효율적으로 쓰고 있느냐 그렇지 못하느냐에 따라 전반적인 생활의 모습이나 삶의 질이 달라진다.

일과 육아, 거기에 가사까지 한꺼번에 처리하느라 힘이 드는 것은 사실이다. 하지만 우리 생활 속에는 생각하지 못했던 자투리 시간이 숨어 있다. 다만 우리가 그 사실을 인식하지 못하고 어영부영 흘러 보내고 있기 때문에 매번 무언가에 쫓기는 것같이 바쁘게 뛰어다니는 것이다.

허둥거리지 않기 위해서는 일상생활 속에 숨어 있는 자투리 시간을 찾아내야 한다. 그러기 위해서는 먼저 자신이 하루 24시간을 어떻게 보내고 있는지 알아야 한다. 일주일 정도 아침에 눈떠서 잠자리에 들 때까지 어떻게 시간을 보내는지 일과를 자세하게 기록한 다음 분석해보면서 자투리 시간을 찾아낸다. 예를 들면 출퇴근을 위해 버스나 차를 타고 이동하는 시간이나 점심 식사 후 수다 떨며 보내는 시간, 업무상 거래처 사람을 기다리는 시간 등이 모두 자투리 시간에 해당한다.

이렇게 자투리 시간을 찾다 보면 의외로 자투리 시간이 많다는 사실에 깜짝 놀랄 것이다(상황이 조금 다르긴 하지만 일반 고등학생의 일과 속에도 매일 3시간이나 되는 자투리 시간이 숨어 있다고 한다). '티끌 모아 태산'이라고 했다. 자투리 시간을 찾아낸 다음 해야 할 일은 자신이 상당히 많은 시간을 낭비하고 있었다는 것을 깨닫는 일이다. 자신의 문제점을 정확하게 파악하고 인정해야지만 다음 단계로 나아갈 수 있다.

자투리 시간을 찾아냈다면 그다음에는 어떻게 하면 그 시간들을 잘 활용할 수 있을까, 무엇을 하면 좀 더 효과적으로 사용할 수 있을지를 고민해보아야 한다. 사람들은 자투리 시간은 그야말로 자투리 시간밖에 되지 않아 무얼 하기에는 애매모호하다고 말한다. 하지만 자투리 시간에 할 수 있는 일들은 많다.

출퇴근을 위해 이동하는 시간에 동영상 강의를 들으며 어학 공부나 자격증 취득을 대비할 수도 있고, 거래처 사람을 기다리는 동안 책을 읽으면서 육아나 교육에 관련된 정보를 찾거나 일과 관련된 전문 분야의 지식들을 쌓을 수도 있다. 점심 식사 후 남는 시간 동안 체력 관리를 위해 간단한 운동(회사 주변 걷기나 계단 오르내리기 등)을 할 수도 있고, 가족들을 위한 쇼핑을 할 수도 있다. 인터넷을 활용하여 육아나 교육과 관련된 정보를 모을 수도 있고, 음악을 듣는다거나 하는 간단한 취미생활을 할 수도 피부 관리 등 자기 자신을 위한 투자를 할 수도 있다.

이 단계까지 왔다면 그다음에는 효과적으로 시간을 활용하는 방법들을 하나씩 적용하면서 익숙해지도록 하는 동시에 습관으로 만들어야 한다. 지금보다 훨씬 여유로운 생활을 할 수 있도록, 느긋한 상태에서 편안한 마음으로 일들을 처리할 수 있도록 하기 위해서 처음 얼마 동안은 의식적으로 노력을 해야 한다. 이때 꼭 기억해야 하는 것은 한꺼번에 모든 것을 잘해내겠다는, 모든 자투리 시간을 제대로 활용하겠다는 욕심은 버려야 성공할 수 있다는 사실이다.

생생하게 꿈꾸어라, 그러면 이루어질 것이다!

톨스토이, 괴테, 손정희, 월트디즈니, 삼성그룹 이건희 회장, 타이거 우즈, 스티븐 스필버그 등 누군가에게 성공의 롤 모델이 되는 이 사람들의 공통점은 무엇일까? 여러 가지가 있겠지만 이들에게 가장 큰 공통점은 '성공하기 훨씬 전부터 자신은 반드시 성공할 것이라고 믿고 있었다'는 것이다. 성공에 대한 확신만 가지고 있었던 것이 아니라 자기가 성공했다는 것을 기정사실로 받아들였다. 그래서 행동 하나를 하더라도 항상 자신이 성공한 것처럼 행동했고, 주변 사람들에게도 "나는 성공했어"라고 말했다.

어떻게 그럴 수 있었을까? 이들이라고 매번 모든 일에 성공하기만 한 것은 아닐 텐데, 어떻게 그렇게 자신 있게 자신의 성공을 확신하면서 행동할 수 있었을까? 그 이유는 실패를 하더라도 이들은 자신이 성공할 것이라 믿었기에 포기하지 않고 계속해서 도전을 했고, 그 결과 성공할 수 있었던 것이다. 자신의 성공을 확신하고, 성공하게 된 밑바탕에는 하고 싶은 일, 이루고 싶은 것에 대한 구체적인 꿈이 있었다. 구체적인 꿈을 꾸고, 그 꿈을 이루었다고 상상하면서 끊임없이 노력했기 때문에 성공할 수 있었던 것이다.

우리도 이들처럼 성공할 수 있다. 우리가 꿈꾸는 것을 모두 이룰 수 있다. 단 하고 싶은 일이나 이루고 싶은 모습을 구체적으로 꿈꾸어야 한다. 내가 있는 지금 여기에서 바로 일어나고 있는 것처럼 생생하게 꿈꿀 수 있어야 한다. 주변 사람들에게 둘러싸여 있을 때 느껴지는 뜨거운 열기와 자신을 바라보는 존경과 부러움의 눈길, 그들이 보내는 고막을 찢을 것 같은 박수와 함성 등이 온 몸으로 느껴질 만큼 모든 상황을 실제처럼 상상해야 한다.

물론 이렇게 상상한다고 해서 꿈이 저절로 이루어지는 것은 아니다. 꿈을 이루기 위해서 끊임없이 노력하고 또 노력해야 한다. 때로는 실패도 하고 좌절도 하겠지만, 참고 견디며 그 순간순간들을 극복해내면 반드시 성공하게 된다. 간절히 이루고 싶은 꿈이 있고, 포기하지만 않는다면 꿈을 꼭 이루게 된다.

간절히 바라는 그 성공의 순간을 날마다 생생하게 되새기면서 나는 반드시 성공하게 된다는 사실을 믿어보자. 그날을 기약하며 조금씩조금씩 꿈을 향해 나아가면 머지않아 상상했던 그 자리에 우뚝 서 있는 나를 발견하게 될 것이다.

작업이 완료되었을 때 느낄 수 있는 흥분 상황을 미리 만들어라

원고를 쓰기 위해 컴퓨터를 켜고 책상에 앉지만 열의 아홉은 바로 일을 시작하지 못하고 꼭 딴 짓을 하게 된다. 원고만 쓰면 되는데 본격적인 작업을 하기에 앞서 메일도 확인하고, 즐겨찾기에 등록된 카페나 사이트에 들어가 새로운 소식이 없나 찾아보느라 대개 30분에서 1시간 정도를 보내곤 한다. 한겨울에 자동차에 시동을 한참 동안 걸어두는 것처럼 그렇게 시간을 보낸 다음에야 비로소 본격적으로 원고 쓰기에 몰입을 한다.

일을 하려고 마음을 먹었으면 책상에 앉자마자 바로 시작하면 얼마나 좋을까? 하지만 이상하게도 그럴 수가 없다. 일을 향해 난 길을 곧장 가지 못하고 먼 길을 에둘러 가게 되는 경우가 대부분인데, 왜 그런 것일까? 지극히 개인적인 문제일 수도 있으나, 일반적으로 할 일을 미루고 게으름을 피우는 것은 대부분의 사람들이 일을 시작하기 전에 생각할 시간을 먼저 갖기 때문이다. 대개 일을 하지 않기 위한 핑계를 대거나 끝까지 버티다 더 이상 어떻게 할 수 없을 때가 되었을 때 마지못해 일을 시작하기 때문이다.

이런 상황을 미연에 방지하기 위해서는 책상에 앉자마자 일을 할 수 있도록 미리 준비를 해두는 것이 좋다. 인위적으로 좋든 싫든 일을 시작할 수밖에 없는 상황을 만들어두는 것이 바로 일을 시작하는 데 효과적인 방법이다. 우리의 뇌는 어떤 종류의 일이든 일단 일을 시작하면 일종의 흥분 상태가 된다. 뇌는 그 일을 하기 위해서 활발하게 움직이게 되는데, 이때 뇌 안에서 화학 변화가 일어나서 흥분 상태가 된다. 이를 두뇌과학에서는 '작업 흥분'이라고 부른다.

이런 작업 흥분이 잘 일어나도록 하기 위해서는 퇴근 전 책상 정리를 할 때 티끌 하나 없을 정도로 깨끗하게 정리하는 것보다 오늘 못다한 작업 파일을 그대로 두는 것이다. 다음날 책상 앞에 앉았을 때 책상 위에 해야 할 일이 놓여 있어서 곧바로 일을 시작할 수 있도록 하기 위해서이다. 이렇게 앉자마자 일을 시작하게 되면 뇌가 흥분 상태가 되면서 척척 돌아가기 때문에 잇달아 다른 일도 잘 처리할 수 있다.

그렇다고 책상 위에 너무 많은 일거리를 올려두면 오히려 어수선하게 느껴지거나 부담스럽게 생각될 수도 있다. 그러므로 집안일이나 회사일 모두 작업 효율을 높이기 위해서 깔끔하게 정리하기는 하되, 바로 시작할 수 있는 일거리 한두 가지 정도는 눈에 띄도록 놓아두자. 작업 흥분 상태를 최대한 잘 활용할 수 있도록 말이다.

일하는 엄마를 위한 행복 조언

1. 엄마가 행복해야 아이도 행복해진다.

2. 스트레스, 피할 수 없으면 나만의 극복 방법을 찾아라!

3. 완벽함을 꿈꾸지 마라.

4. 지금 이 순간에 몰입하라.

5. 집과 직장의 작동 스위치를 따로 만들어라.

6. 3초의 멈춤, 자신을 관리하라.

7. 주변 지원을 전략적으로, 적극 활용하라.

8. 일주일에 1시간, 자신만의 시간을 즐겨라.

9. 자기계발을 위해 투자하라.

10. 자투리 시간을 활용하라.

Part 02
•
학교에서의
엄마 빈자리 챙기기

아이의 교우관계 챙기기

초등학교 고학년, 빠르면 3~4학년만 되어도 아이들은 성격이나 생각, 관심사 등이 비슷한 아이들끼리 어울리기 시작한다. 그래서 이때부터 끼리끼리 모이는, 성향이 비슷한 아이들끼리 어울리는 또래 문화가 형성된다. 가끔씩 이 또래 문화의 부작용으로 따돌림(왕따) 현상이 나타나서 문제가 심각해지기도 한다. 따돌림 현상은 남자 아이들보다는 여자 아이들 사이에 많이 나타나는데, 아이에게 혹시라도 좋지 않은 일이 생기지 않도록 세심하게 신경을 써야 한다. 또 만약 문제가 발생하였다면 담임선생님과 협조하여 부모가 적극적으로 개입해야 한다.

하지만 아이가 어릴 때에는 이야기가 조금 다르다. 아이가 어리면 어릴수록 엄마 친구가 곧 아이 친구가 되는 경우가 많다. 이런 경향은 유아 때부터 초등학교 저학년, 심한 경우에는 중학년 때까지 계속 이어지는 경우가 많다. 엄마가 옆집 아줌마와 친하면 아이 또한 자연스럽게 옆집 아이와 함께 지내는 시간이 많아지게 되므로, 옆집 아이와 친한 친구가 되는 것이다. 이는 아직 어린 아이들의 경우 친구 사귀는 법을 잘 모르기 때문이기도 하고, 옛날과 달리 학원에 다니느라 친구들과 친해질 기회나 시간이 상대적으로 적기 때문이기도 하다.

새 학년 새 학기가 되면 일부러라도 자리를 마련해주어 아이가 친구를 쉽게 사귈 수 있도록 도와주는 것이 좋다. 주중에는 학원을 다니느라 아이들이 바쁜 경우가 많으므로, 토요일을 이용하여 아이의 생일파티를 열어 같은 반 친구들을 초대해서 한바탕 신나게 놀 수 있는 기회를 제공해주는 것이다. 물론 친구들을 초대할 때에는 일주일 전에 미리 초대장을 나누어주어 친구들이 생일파티에 참가할 수 있도록 시간적으로 여유를 주어야 한다.

생일파티에 참석한 아이들을 챙기면서 아이들의 성향을 파악해두면 학교에서 어떤 친구들과 함께 지내는지 알 수 있고, 학교생활을 파악할 수 있다. 여건이 허락한다면 엄마들을 함께 초대해서 학교 운영방침이나 선생님에 대한 정보를 나누는 것도 좋다. 그래서 마음 맞는 엄마가 있으면 가끔씩 아이들을 데리고 같이 체험학습을 간다거나 파자마 파티 등을 열어주는 등 다시 만날 수 있는 기회까지 마련한다면, 일석이조 효과를 얻을 수 있다.

마음 맞는 친구들과 그룹 수업을 시켜라

그룹 수업은 1:1 개인 과외보다 교육비는 저렴하면서 학원보다는 조금 더 양질의 수업을 받을 수 있다는 장점이 있다. 여기서 말하는 양질의 수업이란 선생님의 자질이나 실력이 더 낮다는 의미가 아니라 학원보다 학생 수가 적기 때문에 선생님이 조금 더 신경 써줄 수 있고, 모르는 것을 물어보거나 보충 지도를 받기 쉽다는 뜻이다.

그룹 수업은 형태가 다양하다. 주로 어떤 과목을 공부하느냐에 따라 그룹을 이루는 학생 수가 달라지는데, 보통 영어나 수학 같은 경우에는 선생님 한 명에 학생 두 명이 한 팀을 이루어 하는 수업(1:2 형태) 또는 1:4 형태가 가장 많다. 하지만 논술 같은 과목의 경우 선생님의 지도를 받으면서 배우는 것도 있지만, 나와 다른 생각을 가진 친구들의 생각을 통해 많은 것을 배울 수 있기 때문에 1:5 또는 1:6 형태의 수업도 이루어지고 있다. 이뿐만 아니라 유치원생부터 초등학생 아이들(중학생 아이들의 경우도 종종 볼 수 있다)이 많이 하는 생활체육이나 축구, 농구, 야구 같은 경우에는 1:10 또는 1:12 형태로 수업이 이루어지기도 한다.

이런 그룹 수업의 특성상 똑같은 아이들이 일정한 시간에 일정한 장소에 모여 수업을 하기 때문에 같이 수업하는 아이들끼리 친해질 수 있다.

함께 보내는 시간도 많고 같은 활동을 하다 보면 당연히 공통된 화제 거리를 갖게 되기 때문에 친밀감과 소속감이 돈독해진다.

우리 아이가 친구를 잘 사귀지 못한다면 또는 다른 아이들과 친하게 잘 지내기를 원한다면 이런 그룹 수업을 함께할 수 있도록 신경 써주는 것도 좋다. 이미 그룹이 형성되어 있는 경우에는 조심스럽게 접근하는 것이 좋다. 활동을 먼저 시작한 아이들끼리 눈에 보이지 않는 유대감이 생성되어 있거나, 결속력이 다져져 있어서 아이가 끼어들기 힘들 수 있기 때문이다. 또 그룹 아이들끼리만 통하는 놀이나 문화 같은 것이 있어서 적응하기 힘들 수도 있다. 혹시 우리 아이와 성격상 사사건건 부딪히는 아이가 있으면 괜한 마음고생을 할 수 있으므로 그룹 활동을 하는 아이들의 성향을 꼼꼼하게 살펴본 후 참여시키는 것이 좋다.

이미 형성된 그룹 수업에 아이를 참여시키는 것이 마음에 걸린다면 우리 아이를 중심으로 그룹을 형성하는 방법도 있다. 아이가 저학년인 경우에는 엄마가 나서서 같이 수업 받을 아이들을 모아야 하지만, 중학년 이상이라면 아이를 통하는 편이 더 낫다. 아이가 1차적으로 자기와 성향이 맞는 아이들을 중심으로 함께 수업을 하자는 제안을 하기 때문에 아이들끼리 문제가 생기지 않을까 하는 걱정을 하지 않아도 된다. 나중에 참여하겠다고 연락이 오는 엄마들 또한 아이와 이미 의견 조율이 끝난 상태이기 때문에 업체나 선생님 선정 등만 신경을 쓰면 되는 이점이 있다.

친구들과 함께 다닐 수 있는 학원을 우선 고려하라

한 반에 한두 명 정도는 학원에 안 다니고 엄마표 또는 자기주도 학습을 하기도 하지만, 요즘 아이들은 대부분 학원에 다닌다. 부족한 공부를 위해서 학원에 보내지만, 때로는 선행학습을 위해서 학원을 보내기도 한다. 또는 악기를 배우거나 운동을 하기 위해서 학원에 보내는 경우도 있다. 이유야 어찌 되었건 학원에 보내는 가장 큰 이유는 공부이다. 그렇기 때문에 아이가 다닐 학원을 선정할 때에는 그 학원이 우리 아이의 성향이나 학원에 보내는 목적 등이 맞는지를 신중하게 따져보는 것은 당연한 일이다. 여기에 학원 시스템이나 교육 방침, 담당 선생님의 성향, 집과의 거리, 학원 시설 등을 고려해보아야 한다.

이런 것들을 꼼꼼하게 챙기려면 직접 방문해서 상담을 받아보는 것이 좋다. 수업이 어떤 식으로 진행이 되며, 반 배정은 어떤 식으로 이루어지고, 담당 선생님은 어떤 분인지, 사용하는 교재는 무엇이며, 학생 관리와 성적 관리는 어떤 식으로 하고 있는지, 학원에 다니는 아이들의 반응은 어떤지 등을 하나하나 확인해보는 것이다. 물론 방문 상담을 하기 전 인터넷상에 올라온 평가나 주변 엄마들의 추천 이유 등을 미리 알아보는 것도 필요하다. 일부 학원의 경우 학생들 관리는 뒷전이고 학부모 상담에만 신경을 쓰는 경우도 있는데, 이런 것은 이미 학원을 보내본 엄마들의 입소문을 통해 어느 정도 알 수 있다.

공부를 시키기 위해 보내는 학원이기 때문에 까다롭게 선정하는 것도 중요하지만, 아이가 함께 다닐 친구가 있는지도 알아봐야 한다. 학원은 공부하러 가는 곳이지 친구 사귀는 곳이 아닌데 뭘 그런 것까지 신경을 쓰냐고 하겠지만, 요즘 아이들은 학교가 끝나도 친구와 함께 놀 시간이 따로 없다. 그래서 학원 오가는 시간에, 학원 버스 기다리는 동안, 또 수업과 수업 사이 쉬는 시간에 친구들과 논다. 학원 친구가 학교 친구이고 같이 어울리는 친구가 되는 경우가 많다.

사정이 이렇기 때문에 친구 관계에 크게 신경을 쓰지 않는 아이가 아니라면 학원 선정할 때 이런 점도 고려해야 한다. 특히 아이가 숫기가 없어서 친구들에게 선뜻 다가가지 못한다면 아는 친구들이 있는 학원, 그것도 친한 친구가 두세 명 정도 있는 학원에 보내는 것이 나을 수도 있다. 학원에서 만나는 새로운 친구들과 친해지기 어려워 학원 적응이 어려울 수도 있고, 학원 다니기가 싫어질 수도 있기 때문이다.

항상 관심을 쏟으며 칭찬하라

'칭찬은 고래도 춤추게 한다.' 몇 년 전 베스트셀러였던 책 제목인데, 칭찬의 효과, 즉 누구나 칭찬을 들으면 기분이 좋아지고 칭찬한 사람의 기대에 부응하기 위해 더 잘하려고 노력하게 되는 심리를 표현한 말이다. 아직까지 사람들 입에 오르내릴 만큼 이 말에 많은 사람이 동의한다.

출근했을 때 생각지도 않은 사람으로부터 "오늘 옷이랑 액세서리가 잘 어울려요. 너무 멋지십니다"라는 칭찬을 받으면 그날은 기분 좋게 하루 일과를 시작할 수 있다. 오늘 처음 만나는 사람인데 "나이에 비해 무척 젊어 보여요. 비결이 뭔가요?"라는 칭찬 한마디를 듣고 나면 그 사람에 대한 첫인상이 좋아진다. 만날 때마다 칭찬을 해주는 사람이라면 그 사람이 무얼 해도 예뻐 보일 뿐만 아니라, 작은 실수 정도는 그냥 넘어갈 수 있을 만큼 너그러워진다.

칭찬을 들으면 좋은 것은 어른이나 아이나 마찬가지다. 그러니 아이 친구를 만났을 때 조금만 신경을 써서 한두 가지 칭찬을 해주도록 하자. 어린 아이들의 경우 친구 엄마가 좋으면 그 친구도 좋아지는 경우가 종종 있기 때문이다. 평소 우리 아이로부터 그 아이가 학교에서나 친구들 사이에서 한 행동이나 말들을 잘 기억해두었다가 만났을 때 "네가 저번에 다른 친구들을 도와줬다면서? 너는 정말 마음씨도 얼굴만큼이나 예쁘구나"라는 식으로 칭찬해주는 것이다. "옷을 참 단정하게 입고 다니는 구나" 또는 "넌 인사를 참 잘하는구나. 예의를 잘 지키는 친구를 보니까 아줌마도 기분이 참 좋구나"라는 식으로 만났을 때 직접 본 사실들을 바탕으로 칭찬하는 것도 좋다.

이런 식으로 아이 친구를 칭찬하면 엄마인 자신에 대한 이미지도 좋아질뿐더러 우리 아이에 대한 이미지도 좋아진다. 좋은 이미지를 갖게 되면 아무래도 우리 아이와 자주 놀게 되고 친하게 지내게 될 확률이 높아진다. 또 친구의 엄마에게도 좋은 인상을 심어줄 수도 있다.

준비물은 넉넉하게 챙겨라

　몇 년 전까지만 해도 일하는 엄마들은 알림장에 적어오는 준비물을 잊지 않고 챙기는 것이 커다란 부담이었다. 하지만 요즘에는 웬만한 준비물은 학교에서 다 준비해두었다가 그때그때 나눠주기 때문에 크게 신경을 쓰지 않아도 된다. 그래도 학기 초에는 엄마가 신경 써서 챙겨주어야 할 것들이 많다. 자주는 아니지만 학기 중에도 자잘한 것들을 챙겨주어야 할 때도 있다. 준비해오라는 것이 있었는데 무엇인지 잘 모를 경우 친한 친구에게 묻거나 학교 홈페이지에 마련된 각 반 홈페이지나 학교 앞 문구점을 이용하면 쉽게 확인할 수 있다.

　선생님이 준비물을 챙겨오라고 할 때 우리 아이 것만 잘 챙겨서 보내도 된다. 그것만으로도 충분하다. 하지만 가끔씩 깜빡 잊고 준비물을 못 갖고 오는 아이들도 있다. 준비물을 챙겨오지 못하는 친구가 한 반에 한두 명씩은 꼭 있는데, 이럴 때 선생님께서 내일 다시 챙겨오라고 가볍게 말씀해주시면 좋겠지만 다른 아이들에게 본보기로 주의를 주기 위해서 혼을 내는 경우가 있다.

　선생님에게 꾸중을 들으면 아이 입장에서는 당연히 기분이 나빠진다. 어떤 아이는 친구들 앞에서 질책을 받는다는 사실이 창피해서 드러내놓고 표현하지는 못하지만 화가 치밀어 오르기도 하고, 자존심이 상해 울어버리기도 한다. 또 어떤 아이는 친구 것을 빌려 써야 한다는 사실 때문에 의기소침해지는 경우도 있다.

이렇게 준비물을 제대로 챙겨오지 않았을 때 여러 가지 피해가 발생하지만 그 중에서도 가장 큰 피해는 바로 아이가 수업에 적극적으로 참여하지 못한다는 것이다. 요즘 아이들은 자기 준비물이 없을 때 남에게 빌려 쓸 생각을 하지 못하는 경향이 있다. 그렇기 때문에 준비물이 갖춰져 있지 않으면 아무래도 선생님 말씀에 집중할 수도 없고, 수업 내용을 제대로 따라가지 못하게 된다.

이럴 때 준비물을 가져오지 않아서 난감해하는 친구에게 우리 아이가 여분의 준비물을 건네준다면 그 친구는 우리 아이를 어떻게 생각할까? 선생님에게 혼나지 않아도 되고, 편안한 마음으로 수업에 참여할 수 있게 된 그 친구는 당연히 우리 아이에게 고마움을 느끼게 되고, 친해지려고 할 것이다. 또 우리 아이는 그 친구뿐만 아니라 반 아이들에게 마음씨 착한 친구, 다른 사람을 잘 도와주는 친구로 인식될 것이다. 그러면 친구들 사이에서 인기가 많아지게 되고, 선생님 눈에도 착한 아이, 배려심 많은 아이라는 인상을 심어줄 수 있게 된다.

다툰 친구에게는 더 다정하게 대하라

우리 아이가 친구와 사이좋게 잘 지냈으면 좋겠다는 것은 모든 엄마들의 공통된 바람이다. 두루두루 사이좋게 친하게 지냈으면 좋겠지만 마음처럼 되지 않을 때가 많다. 해가 뜨는 날이 있으면 비가 오는 날도 있는 것처럼 대부분은 별 문제없이 학교에 가서 친구들과 재미있게 지내다 오지만 가끔씩은 친구와 싸우고 오는 날도 있다.

아이가 친구와 싸워서 우울한 얼굴로 집에 돌아오면 대부분의 엄마들은 아이보다 더 속상해한다. 싸우고 들어온 것도 속상한데 아이가 작은 상처라도 입고 들어온다면 화가 나면서 흥분하기 십상이다. 하지만 이럴 때일수록 조심해야 한다. 엄마로서 당연히 화가 치밀어 올라 당장이라도 그 친구를 찾아가 혼내주고 싶겠지만, 절대로 그렇게 해서는 안 된다. 아이들 싸움이 어른들 싸움이 된다고 일만 커질 뿐이다.

일단 아이가 싸우고 들어오면 엄마로서의 속상한 마음, 화나는 마음은 차분히 가라앉히고 아이의 감정부터 차근차근 읽어주는 게 좋다. 친구와 싸워서 속상하고 마음이 언짢을 아이를 안아주거나 등을 토닥여주면서 "친한 친구랑 다퉈서 많이 속상하구나. 네가 속상하니까 엄마도 속상하다"라며 아이의 마음을 읽어주고 이해해주는 것이 우선이다. 그렇게 아이의 마음을 충분히 다독여준 다음 아이로부터 전후 사정에 대한 설명을 들으며 상황 파악을 해야 한다.

상황 파악을 할 때는 아이의 잘잘못을 따지지 않는 것이 좋다. 아이에게 따로 책임추궁을 하지 않아도 되는 까닭은 아이 스스로 설명하는 과정에서 왜 이런 일이 일어났는지, 누가 무슨 잘못을 했는지, 어떻게 사태 수습을 하면 좋을지를 판단하기 때문이다. 아이의 이야기를 들으며 충분히 공감해주기만 하면 된다. 아이의 마음을 다독이는 것이 제일 우선이며, 가장 중요한 일임을 잊어서는 안 된다.

이야기를 들어주고 상황을 파악한 것만으로 끝내기 아쉽다면 아이에게 넌지시 "어떻게 하면 좋겠니?" 또는 "너는 어떻게 할 생각이니?"라고 물어보면 된다. 아이가 잘 모르겠다고 하면 그때 엄마 생각이나 의견을 제시해도 결코 늦지 않는다. "엄마가 생각하기에는 이러이러 했으면 좋겠다는 생각이 드는데, 넌 어때?" 또는 "너한테 도움이 될지 모르겠지만 엄마는 그럴 때 이렇게 했더니 잘 해결되었어"라는 식으로 조언을 해주는 것이다.

아이가 친구와 싸워서 속상해하거나 다친 모습만 보고 흥분해서 엄마가 섣불리 나서면 일만 커진다. '아이들은 싸우면서 큰다'고 지금 싸워서 다시는 안 볼 것같이 굴더라도 다음날 만나면 금방 헤헤거리면서 친하게 지내는 게 일반적이다. 그런데 흥분한 아이의 말만 듣고 너무 크게 확대 해석하면 아이들끼리의 사이도 어색해질뿐더러 어른들 싸움이 되기 십상이다. 그러니 크게 다치거나 심각한 일이 아니라고 판단되면 조용히 그리고 부드럽게 일을 처리하는 것이 현명하다.

아이의 친구를 불러서 혼을 내면 그 친구 또한 기분이 나빠져서 우리 아이를 안 좋게 생각할 수도 있으니 나중에 싸운 친구를 만나게 되면 혼내기보다는 전보다 더 잘 대해주는 것이 좋다. 맛있는 간식을 사주거나 집으로 초대를 해서 "아줌마는 네가 우리 ○○이랑 친하게 지냈으면 좋겠어. 힘이 들면 서로 도와주고 서로서로 챙겨주는 그런 친구 말이야"라고 부탁을 하는 것이 혼내는 것보다 더 효과적이다. 아이들도 나름의 생각이 있기 때문에 굳이 지난번 일을 꺼내어 이렇다 저렇다 잔소리를 늘어놓지 않아도 알아서 행동을 한다. 대놓고 혼내는 것보다 잘 대해주는 것이 한편으로는 미안하고, 또 한편으로는 고마운 마음이 들게 된다.

친구를 골라 사귀게 하지 마라

아이 키우는 엄마 입장에서는 우리 아이가 이왕이면 남들이 다 부러워하는 '엄친아'로 멋지게 자라주었으면 좋을 것이다. 하지만 그건 내 마음대로 안 되는 일로, 아이가 자라면서 조금씩조금씩 희망을 버리는 동시에 포기를 하게 된다. 그러면서 차선책으로 엄마들이 바라는 것은 우리아이가 가능하면 엄친아 같은 친구와 어울렸으면, 그래서 그 친구를 따라갔으면 하고 바라곤 한다. 애석하게도 이것 또한 엄마 혼자만의 바람이자 욕심으로 그치는 경우가 많은데, 가끔씩 이런 사실을 인정하지 못하는 엄마들이 있다. 그래서 아이가 친구를 사귈 때마다 어떤 친구인지 꼬치꼬치 캐물으면서 누구와는 놀고 누구와는 친하게 지내지 말라고 강요하는 경우가 있다.

아이가 학교에서 사귄 친구에 대해 이야기를 하면 어떤 엄마들은 "그 친구 공부는 잘해?", "그 친구 어디 살아? 집은 잘 사니?", "엄마아빠는 뭐 하시는 분이니?"라는 이상한 질문들을 한 다음, 엄마의 기대치에 못

미치면 같이 놀지 말라고 한다. 그 친구가 어떤 아이인지 제대로 들어보지도 않고 성적이나 그 아이를 둘러싼 배경을 기준으로 엄마 마음대로 판단해버리는 것이다.

하지만 공부 잘하는 친구가 무조건 좋은 친구는 아니다. 집안이 잘 산다고 그 친구가 성격이 좋거나 바른 인성을 지닌 아이라고 할 수 없다. 요즘은 공부 잘하는 아이 또는 잘 사는 집 아이가 오히려 자기만 아는 경우가 많아 친구로 사귀기에는 적당하지 않을 수도 있다.

아이가 새로운 친구를 사귈 때 그 아이가 어떤 식으로 말을 하는지, 어떤 생각을 가지고 행동하는지 등을 살피도록 해야 한다. 공부를 잘하고 못하고를 떠나 그 친구가 다른 아이들을 배려하는 마음을 지닌 착한 아이인지 아닌지 등을 살펴보는 것이다. 사람 됨됨이는 한두 번 만나 본다고 해서 알 수 있는 것이 아니다. 그렇기 때문에 짧은 시간에 그 친구를 사귈지 말 것인지를 판단하게 하지 말고, 천천히 서로를 알아가기 위해서 노력하라고 가르쳐야 한다.

아이에게 이런 친구도 만나 보게 하고 저런 친구도 사귀어 보게 하면서 스스로 친구로 사귈지 말지를 결정하게 해야 한다. 절대로 이런 친구와는 어울려도 괜찮지만 저런 친구는 근처에도 가지 말라고 말해서는 안 된다. 또 어떤 친구와 어울리기 위해서 일부러 아이를 먼저 다가가게 하거나 의도적으로 접근하게 해서는 안 된다.

아이는 폭넓게 친구들을 접하고 사귀도록 자유를 주어야 한다. 큰 문제가 없는 한 아이가 그 또래 아이들과 직접 부딪히면서 어떤 친구는 자기와 성향이 잘 맞고 어떤 친구와는 성향이 완전히 달라서 어울리는 게 힘들겠다는 사실을 스스로 깨닫도록 해야 한다. 엄마가 친구로 사귀는 걸 허락하거나 권해준 아이일지라도 자기와 성향이 다르면 함께 있는 것이 불편하기 때문에 자연스럽게 사이가 소원해진다. 그러니 아이에게 친구를 사귀는 자율권을 주는 것이 좋다.

엄마가 정해준 친구와 놀기만 하면 아이 스스로 자신이 친하게 지내기 편한 친구와 불편한 친구를 알 수 없게 된다. 그렇게 되면 나중에 아이가 자라서 독립하였을 때 사람 사귀는 것에 큰 어려움을 겪을 수 있다. 그러므로 어렸을 때부터 스스로 친구를 사귀는 법을 배우고 익힐 수 있도록 자율권을 주어야 한다.

친구가 몇 명인지에 대해 연연해하지 마라

아이들 사이에 따돌림, 소위 말하는 '왕따' 문제가 심각하다. 그래서인지 요즘 엄마아빠들은 아이 친구 문제에 관심이 많다. 아이가 친구들과 잘 어울리는지도 궁금해하지만 어울리는 친구가 얼마나 되는지에 대해서도 관심이 많다. 그래서 친구가 적으면 아이에게 무슨 문제가 있는 것은 아닌지 걱정스러운 눈으로 바라보는 경우가 있는데, 그럴 필요가 전혀 없다.

친구가 많다고 해서 반드시 좋은 것은 아니다. 아이들과 어울려 놀 때에는 친구가 많으면 재미있을 수도 있지만, 각자 서로 다른 생각을 지닌 아이들이 모여 있기 때문에 그만큼 의견 충돌이 생길 가능성도 크다. 아이가 친구가 많은 것을 보고 어떤 선생님은 사교성이 좋고 사회성이 뛰어나다고 판단하기도 하지만, 반대로 어떤 선생님은 친구 때문에 산만하다고 생각하는 경우도 있다. 또 평상시에는 아이가 여러 친구들과 어울려 다니는 걸 보고 리더십이 있다고 생각할 수도 있지만, 어떤 문제가 발생했을 때에는 우리 아이가 그 문제 상황의 핵심이 되어서 곤란한 경우가 생길 수도 있다.

물론 그렇다고 해서 친구가 적은 것이 좋은 것도 아니다. 쉽게 친구를 사귀지 못하기 때문에 사교성이나 사회성이 좋다고 볼 수 없다. 아이 입장에서도 마음을 터놓고 지낼 만한 친구가 별로 없다는 문제도 있고, 친한 친구들이 정해져 있기 때문에 그 아이들하고만 어울리려는 경향도 강해진다. 친한 친구와 문제가 생기면 상처를 심하게 받는 동시에 그 상처가 꽤 오래 가기 때문에 아이가 많이 힘들어할 수도 있다.

친구의 수는 큰 의미가 없다. 외향적인 성향의 아이는 두루두루 폭넓게 많은 친구를 사귀기 좋아하고, 내성적인 아이는 자기와 마음이 맞는 한두 명과 사귀는 것을 좋아할 뿐이다. 활발한 아이는 앞에 나서서 주도하는 것을 좋아하기 때문에 항상 주변에 많은 친구를 데리고 다니는 것이다. 이에 비해 소극적인 아이는 마음에 드는 친구가 있더라도 선뜻 다가가지 못하고 머뭇머뭇거리면서 천천히 접근하기 때문에 한두 명 사귀는 것도 쉽지 않은 것이다. 때로는 상대방이 먼저 다가와 주기를 기다리다 결국에는 사귀지 못하는 경우도 있다.

그러니 아이에게 친구를 많이 사귀어라, 사귀지 마라고 하기보다는 아이 성향에 맞게 놔두는 게 더 좋다. 아이가 자기 스타일대로 친구를 사귀도록 신경 쓰지 않고 내버려두는 것이 오히려 도움이 되는 경우도 많다.

아이가 친구를 사귄 다음에는 사이좋게 지낼 수 있도록 하는 정도로만 신경 써주면 된다. 자기 생각만 옳다고 주장하지 않고 친구의 생각을 들어보면서 서로 의견을 조율할 수 있도록 지도해주면 된다. 내가 조금 손해를 보더라도 상대방 입장을 먼저 생각해주고 배려해주는 관계로 발전할 수 있도록 조언을 해주는 정도로만 관여해야 한다. 그래야 아이가 제대로 친구를 사귀고 좋은 관계를 유지해나갈 수 있다.

선생님과 엄마들과의 관계 챙기기

학부모 총회는 반드시 참석하라

매년 학기 초, 그러니까 3월 중순쯤 되면 각 학교마다 학부모 총회가 열린다. 학교마다 조금씩 차이는 있지만 대부분의 학교에서는 학부모 총회 때 학교의 교육목표, 학생 현황, 교직원 현황 등 학교에 대한 전반적인 소개를 시작으로 교육 과정, 학사 일정, 학교별 특성화 사업, 바뀐 교육제도 등 주요 교육활동에 대한 안내가 이루어진다. 이외에도 수업 시간 등에 관한 일과표나 출결 상황 관리, 봉사활동 등 학생생활 지침에 대한 안내와 함께 학부모회 등 학부모들이 꼭 알고 있어야 할 사항들을 모은 학부모 연수 자료들에 대한 설명을 주로 한다.

이런 공식적인 행사가 끝나면 각 반 교실에서 담임선생님과의 시간을 갖게 되는데, 이 시간에는 주로 담임선생님께서 간단한 자기소개와 함께 일 년 동안 반 운영을 어떻게 할 것인지, 아이들 지도를 위해서 학부모님들이 무엇을 어떤 식으로 도와주었으면 좋겠다는 바람을 이야기한다. 이후 시간에는 학부모회 구성을 위해 반 대표를 비롯하여 임원단을 선출한다. 일반적으로는 반장이나 회장이 된 아이의 엄마가 임원진을 맡는 것이 관례이다. 그리고 상담을 원하는 학부모를 위해 별도로 개인적인 상담을 하거나 학부모 상담 주간을 이용해달라는 안내를 하고 마무리가 된다.

학부모 총회는 대개 오후 시간에 이루어진다. 아이들이 모두 하교한 뒤에 이루어지는데, 약 2시간 정도 소요된다. 물론 개인적인 상담을 원할 경우에는 이보다 더 지체될 수도 있고, 공식적인 행사에만 참석한다면 이보다 빨리 마칠 수도 있다. 가능하다면 일정을 미리미리 조정해서 학부모 총회에 꼭 참석하는 것이 좋다.

학교를 자주 찾지 않는 엄마들도 이 행사에는 많이 참석한다. 여러 이유들이 있겠지만 연간 학사 일정이 어떻게 이루어지는지에 대한 소식을 얻을 수 있고, 일 년 동안 아이를 맡아서 가르칠 담임선생님에 대한 정보를 얻기 위해서이다. 그리고 이 행사에 참석한 엄마들을 중심으로 이후 엄마들을 위한 반 모임이 형성되기 때문이다.

학부모 총회에서 알려준 연간 학사 일정은 큰 이변이 없는 한 그대로 진행되는 경우가 많다. 그러므로 연간 학사 일정표를 잘 보관했다가 아이의 학교생활을 어떤 식으로 도와주면 좋을지 계획을 세우는 것이 좋다. 예를 들면 4월 중순쯤이 되면 학교에서 과학의 날 행사가 열리니 3월 말부터 과학 관련 책을 읽힌다든가 대회에서 입상할 수 있도록 여러 가지 실험을 미리 해보도록 도와주고, 6월에 열리는 호국보훈의 달 행사를 위해 5월 말쯤 전쟁기념관이나 박물관을 다니면서 포스터나 표어 등을 미리 구상하게 하는 식으로 도와주는 것이다.

담임선생님과의 시간에서는 선생님이 말씀하시는 학급 운영 방침을 메모해두었다가 집에서 아이를 지도할 때 선생님과 한 목소리를 낼 수 있도록 한다. 엄마의 교육 방침과 선생님의 교육 방침이 다르면 아이가 혼란스러울 수 있으므로, 가정에서 지도를 할 때에도 선생님의 방침을 따르도록 한다.

학부모회에서 요구하는 도우미를 자청하라

학교에서는 거의 매일 또는 이삼일에 한 번씩 가정통신문을 보낸다. 매 학년 초 학부모회를 구성할 때 즈음에는 학부모들에게 교내 봉사활동에 적극적으로 참여해달라는 안내가 빠지지 않는다. 대개는 학부모 총회 때 참석한 엄마들 가운데 자원을 받아서 이루어지지만, 요즘에는 일하는 엄마들도 많고 학교 일에 적극적으로 나서려고 하지 않는 엄마들이 많아서 활동이 원활하게 이루어지지 않아 가정통신문으로 발송되기도 한다.

교내 봉사활동이 원활하게 이루어지기 위해서는 최소한 한 반에 예닐곱 명은 참여를 해야 한다. 불과 몇 년 전까지만 해도 봉사를 핑계로 학교에 한 번이라 더 와서 담임선생님과 아이와 관련된 이야기를 나누고자 하는 엄마들이 많았다. 하지만 요즘은 사는 게 팍팍해서인지, 맞벌이 부부가 많아져서인지 도우미를 하겠다는 학부모가 드물어 선생님들이 노심초사인 경우가 많다.

그래도 처음 아이를 학교에 입학시켰거나 아이가 1~2학년인 경우에는 한 반에 적어도 예닐곱 명 정도의 엄마들이 봉사활동에 참여하는데, 학년이 올라갈수록 참여도는 급격히 떨어진다. 급기야는 5~6학년의 경우에는 봉사를 하겠다는 학부모가 아예 없어서 선생님이 대신 하는 경우도 종종 있다.

예전처럼 의무적으로 해야 하는 급식 도우미나 교실 환경미화 도우미 등의 힘든 활동들은 지금은 없어졌다. 대신 요즘에는 주로 녹색어머니회, 도서관 사서 도우미, 학교 급식 모니터링, 수련회 및 체험활동 모니터링, 학교운영위원회 등이 주를 이룬다. 모두 자율 신청에 의해서 이루어지며 한두 시간이면 가능한 활동들이 많다. 도서관 사서 도우미나 수련회 및 체험활동 모니터링 등과 같은 일부 활동이 아니면 일하는 엄마도 충분히 할 수 있는 활동들이다.

물론 모든 활동에 다 참여할 수도 없고, 그럴 필요도 없다. 조금만 신경을 써서 일정을 조정한다면 잠깐 짬을 내어 봉사할 수 있는 것들 중에서 가능하다면 한두 가지 정도 골라 학부모활동에 참여하는 것이 좋다.

이런 일을 하게 되면 담임선생님의 걱정거리를 하나 덜 수 있어서 선생님 입장에서 고맙게 여기기 때문에 우리 아이를 한 번이라도 더 인지시키는 효과도 어느 정도 볼 수 있다.

뿐만 아니라 따로 시간을 내어 학교에 찾아가서 선생님과 상담을 하자면 번거로울 뿐만 아니라 어렵게 생각되는 경우가 많은데 봉사를 핑계로 자연스럽게 이야기를 나눌 기회를 가질 수도 있다. 또 일을 하다 보니 다른 엄마들과 친하게 지낼 기회가 별로 없는데, 이때 함께 봉사하는 엄마들과 인사를 나누면서 친분을 쌓을 수도 있다. 더불어 선생님이나 학교 운영에 대한 정보도 얻을 수 있다.

엄마들 반 모임에 참석하라

학부모 총회가 끝나고 2~3주 정도 지나면 반 대표 엄마로부터 반 모임 공지가 이루어진다. 요즘은 개인정보 보호법 때문에 학교 측에서 같은 반이라고 할지라도 전화번호를 거의 알려주지 않기 때문에, 반 모임에 참석하는 엄마들은 대부분 학부모 총회 때 참석한 엄마들이 주를 이룬다. 만약 학부모 총회 때 불가피한 사정으로 참석을 하지 못한 경우에는 따로 담임선생님께 연락을 드려서 반 대표 엄마의 전화번호를 물은 다음, 따로 연락을 하여 반 모임에 참석하고 싶으니 꼭 연락을 달라고 부탁을 해야 한다.

엄마들 반 모임은 주로 낮 시간에 이루어지곤 하였는데, 요즘은 일하는 엄마들을 위해서 저녁에 모이는 경우도 종종 있다. 모임에 참석하고 싶으나 직장에 다니기 때문에 가능하다면 저녁 시간에 모임을 가지면 좋겠다고 하면 반 대표 엄마가 모임 시간대를 조정해줄 수 있다. 엄마들 반 모임은 대부분 친목도모를 위해서 열리는데, 한 달에 한 번 정도 모이는 경우가 많다. 여러 사람이 모이다 보니 매번 참석하기 힘든 사람들을 위해 한 달은 낮에 모이고, 한 달은 저녁 시간에 모이는 식으로 운영되는 경우도 있다. 엄마들 반 모임은 주로 식사 시간대에 식당에서 이루어진다. 밥 한 끼 같이 하는 동안 이런저런 이야기를 나누면서 서로 얼굴을 익히고 아이들 이야기를 하는 식으로 진행되는데, 분위기가 좋으면 간혹 찻집이나 동네 치킨 집으로 자리를 옮기는 경우도 종종 있다.

　일 때문에 바쁘긴 하겠지만 이런 모임에 굳이 참석하라고 하는 이유는 두 가지이다. 첫 번째는 아이들 또는 학교에서 일어난 일들이나 담임선생님에 대한 정보를 얻기 위해서다. 담임선생님이 어떤 분인지 알아야 선생님이 싫어하는 행동은 조심시키고, 신경 써야 할 부분은 좀 더 챙길 수 있기 때문이다. 단 이때 선생님이나 다른 사람을 험담하는 소리나 트집 잡는 이야기는 듣는 즉시 흘려버리는 것이 좋다. 그래야 다른 사람을 선입견 없이 대할 수 있고, 엄마 자신이나 아이가 다른 사람들과 함께 잘 지낼 수 있으며, 긍정적인 생활 태도를 유지할 수 있다.

　바쁜 시간을 쪼개 엄마들 반 모임에 참석하라는 두 번째 이유는 엄마가 모르는 아이의 모습에 대한 이야기를 듣기 위해서다. 흔히 엄마들은 집에서 보는 아이 모습이 전부일 거라고 생각한다. 하지만 그렇지 않은 경우가 의외로 많기 때문에 다른 사람의 눈을 통해서 우리 아이를 바라볼 필요가 있다. 그래야 아이의 잘못된 점을 바로 잡을 수도 있고, 좋은 점을 칭찬해주며 더 잘하도록 도와줄 있기 때문이다.

집에서는 얌전하고 소극적인 아이가 밖에 나가서는 친구들과 활발하게 어울리는 경우도 있고, 엄마아빠가 보기에는 완전 어린애 같은 철부지에 개구쟁이지만 선생님이나 다른 친구들이 보기에는 의젓해 보일 수도 있다. 이럴 때에는 집에 돌아와서 아이를 칭찬해주며 "엄마아빠가 보지 않는 곳에서도 이렇게 잘하고 있다니 참 고맙고 대견스럽다"라며 머리를 쓰다듬으며 칭찬해준다.

하지만 반대인 경우도 종종 있다. 집에서는 엄마아빠 말을 잘 듣고 더할 나위 없이 착한 아이이지만, 학교에서는 수업 시간에 말썽을 피우거나 친구들과 자주 다투는 경우도 있다. 집에서는 자기 의사 표현을 똑 부러지게 해서 참 야무지다고 생각하는데 수업 시간에 발표도 잘 못하고 친구들이 하자고 하는 대로 따라 하는 경우도 있다. 이럴 때에는 원인이 무엇인지 살펴본 후 바로 잡아야 한다. 필요하다면 담임선생님과 상담을 통하여 아이의 상태를 정확하게 파악한 후 나아갈 방향을 함께 의논해보는 것도 좋다.

아이들의 입을 통해 칭찬하라

칭찬을 들어서 기분 나쁜 사람은 없다. 마음에 없는 말인 줄 뻔히 알면서도 들으면 저절로 미소가 지어지고 그날 하루가 즐겁게 느껴지는 게 인지상정이다. 아주 작고 사소한 것이라도 칭찬해주면 칭찬받는 사람도 기분이 좋아지지만, 칭찬을 해주는 사람 또한 기분이 좋아지는 일석이조의 효과가 있다.

"말 한마디에 천 냥 빚을 갚는다"라고 했다. 칭찬에는 돈이 들어가는 것도 아니고 큰 수고가 드는 것도 아니다. 그러니 가능하다면 만나는 모든 사람에게 자주 칭찬을 해주도록 하자. 누구에게나 칭찬할 거리는 있다. 관심을 조금만 기울인다면 좋은 점이 보이고, 작은 것들도 칭찬거리가 될 수 있다. 그러니 상대방의 좋은 점들을 찾아내어서 자꾸자꾸 칭찬해주도록 노력하는 것이 좋다.

"우리 아이가 그러던데, △△이가 그렇게 친절하고 상냥할 수가 없다고 하더라고요. 지난번에 우리 아이가 운동장에서 뛰다가 넘어져서 울고 있을 때 제일 먼저 다가와서 걱정해주고 옷에 묻은 흙먼지도 털어주고, 선생님이 시키기도 전에 알아서 보건실까지 데려다줘서 정말 고마웠다고 하더라고요. 그땐 저도 정말 고마웠어요. 이제야 고맙단 인사를 하네요. 어쩜 그렇게 아이를 잘 키우셨어요? 너무 부러워요."

"엄마들 사이에서 선생님 인기가 얼마나 좋은지 몰라요. 편애하지 않고 아이들을 골고루 다 예뻐하는 분이라고 입소문이 쫘~악 났어요. 게

다가 아이들 한 명 한 명 장점을 찾아서 칭찬해주시고 격려해주시는 덕분에 아이들 표정이 밝아졌다고 엄마들도 감사하게 생각해요. 자신감이 넘치는 아이의 모습을 보면 저까지 덩달아 기분이 좋아져요. 정말 선생님 같은 분이 담임선생님이 되어서 얼마나 감사한지 몰라요."

칭찬은 그 자체만으로도 좋지만 때로는 직접 칭찬하지 않고 이렇게 제3자의 입을 빌려 칭찬을 하는 것이 더 좋을 수 있다. 칭찬의 효과가 두 배 세 배로 커지기 때문이다. 일반적으로 남을 통해 듣는 칭찬은 상대방에게 직접 듣는 칭찬보다 신뢰감을 갖게 되어 그 효과가 더 커진다. 그러니 가끔씩은 아이들이나 다른 사람의 입을 빌려 칭찬을 해보자.

간식보다는 학급문고를 챙겨라

요즘은 많이 줄어들었지만, 전에는 아이가 반장이나 부반장이 되면 반 아이들에게 간식을 사줬다. 종례 시간 등을 이용해 콜팝(콜라 컵에 치킨 몇 조각을 얹어서 파는 것)이나 빵, 떡 등 간단한 간식을 단체 주문해서 아이들이 먹을 수 있게 하는 것으로, 소위 말하는 '반장 턱'을 내는 것이다. 때때로 아이의 생일잔치를 열어주는 대신 반 전체 아이들에게 간식을 사다 주는 경우도 있다. 날씨가 더워지면 마음 맞는 엄마들 몇몇이 합심해서 아이스크림이나 음료수를 간식으로 사다 주기도 한다. 운동회나 현장체험학습 때 반 대표 엄마들이 간식을 학년 전체에게 나누어 주기도 하고, 어린이날에는 양말이나 손수건 같은 선물을 주기도 한다.

간식을 사다 주고 싶을 때에는 사전에 선생님에게 여쭤보고 미리 양해를 구해야 한다. 이러이러한 이유로 아이들에게 간식을 주고 싶은데 선생님은 괜찮으시겠느냐, 언제 갖고 가면 좋겠느냐, 간식 종류는 이런 걸 생각하고 있는데 선생님은 어떻게 생각하시느냐 등을 여쭤보고 선생님 의견에 맞추어서 하는 것이 좋다.

아이들은 맛있는 거 먹으니 좋아하기는 하지만, 먹고 나면 남는 것이 없다. 오히려 먹고 남은 흔적인 컵 같은 쓰레기도 치워야 하고, 교실 전체에 음식 냄새가 남아서 불쾌해질 수 있다. 경우에 따라서는 옆반으로부터 시기와 부러움이 섞인 아우성을 불러일으키기도 한다.

까다롭고 성격이 깐깐한 선생님의 경우에는 번거롭고 시끄러워서 엄마들이 간식을 주는 것을 그다지 좋아하지 않는다. 선물 또한 포장지 같은 쓰레기가 발생하기도 하고, 아이들 마음이 들떠서 정상적으로 수업을 진행하기 어려워지기 때문이다. 그럴 때에는 섭섭하게 생각하지 말고 선생님 입장에서 생각하고 이해하는 것이 좋다.

만약 담임선생님이 그런 분이라고 판단이 되면 간식이나 선물은 하지 않는 것이 좋다. 그래도 무엇인가를 하고 싶다면 반 아이들 전체가 사용할 수 있으면서 공부에도 도움이 되는 것을 모색해보는 것이 좋다. 이왕이면 오래 두고 사용할 수 있으면서 학년이 끝났을 때에도 다음 아이들이 계속해서 사용할 수 있는 것이면 더 좋다.

개인적으로나 주변 엄마들의 다양한 경험을 바탕으로 생각해볼 때 아이들에게 도움이 되면서도 두고두고 사용할 수 있는 것이 바로 '학급 문고'이다. 간식을 싫어하는 선생님들도 학급 문고를 풍성하게 채워줄 책은 싫어하지 않는다. 다만 같은 반 아이들이라고 해도 수준이 천차만별이어서 도서 선정하는 것이 어려울 수 있다. 이럴 경우에는 선생님에게 추천해달라고 해도 되고, 학년별 권장도서를 고려하는 방법도 있다.

몇 권 안 되는 책이라 선물하기가 좀 민망하다면 아이들이 볼 수 있는 월간 잡지를 정기구독해주는 것도 좋은 방법이다. 요즘에는 과학 잡지뿐만 아니라 수학 잡지, 경제 잡지, 논술 잡지 등 종류도 매우 다양하다. 여러 종류의 잡지 가운데 하나를 골라 아이들이 같이 볼 수 있게 하는 것인데, 이때도 구독 신청을 하기 전 담임선생님과 의논해서 결정하는 것이 바람직하다.

담임선생님과 적극적으로 연락하라

'스승님 그림자는 밟지 않는다'는 유교적인 전통 사상 때문에 선생님 대하는 것이 그리 쉽지만은 않다. 아직 어리고 철없는 아이의 교육을 맡겼다는 이유로 선생님 앞에 서면 학부모들은 약자가 되는 경우도 많다. 여기에 한때 사회적으로 말이 많았던 촌지에 대한 부담이 없어졌다고는 하나 그 흔적이 아직도 남아 있어서 학교에 가는 것이 여전히 어렵다. 이런 이유로 아이에 대해 궁금한 것이 있어도 선생님을 찾아가는 게 참 어렵고, 발걸음이 쉽게 떨어지지 않는 게 사실이다. 빈손으로 가자니 신경 쓰이고, 음료수라도 사가자니 민망하고, 그렇다고 그럴 듯한 것을 준비하자니 부담스러워 계속 망설이기만 하는 것이다.

하지만 요즘은 학교 문화가 많이 바뀌어서 전혀 부담을 가질 필요가 없다. 그러니 궁금한 것이 있거나 문제가 있으면 언제든지 마음 편히 담임선생님을 찾아가 상담을 하도록 하자. 개인적으로 따로 찾아가 상담을 해도 되지만 그렇게 하기 어려우면 '학부모 상담 주간'을 이용하면 된다. 학교에 따라 다르긴 하지만 대부분의 학교가 매 학기가 시작된 후 2~3주 정도 지나면 가정통신문을 통해 학부모 상담 주간에 대한 안내를 하면서 신청을 받는다.

이 기간이 아닌 때 개인적인 상담을 하고 싶더라도 편안하게 생각하고 담임선생님에게 상담 신청을 하면 된다. 그렇다고 아무 때나 무턱대고 찾아가는 실례를 저질러선 안 된다. 선생님이 출장 중이거나 수업 중일 수도 있고, 다른 업무로 바쁠 수 있으니 사전에 문자 메시지를 보내 편한 시간을 알려달라고 해서 약속을 한 후 찾아가야 한다.

선생님과의 상담은 직접 찾아뵙고 면담을 하는 것이 일반적인 방법이다. 하지만 SNS가 활성화된 요즘에는 문자나 카카오톡 등을 이용할 수 있다. 선생님들은 수업 시간에도 휴대전화를 켜놓도록 되어 있다. 유괴나 성범죄 등의 문제 때문에 아이들의 안전을 위해 언제든지 연락이 가능한 상태를 유지하기 위해서이다. 물론 나이가 많으신 선생님이나 이런 방식을 싫어하는 선생님도 있을 수 있으니, 선생님의 성향을 파악하여 활용하도록 한다.

하지만 정말 급한 일이 아니라면 수업 시간에 연락을 하여 아이들 수업을 방해하는 일이 없도록 한다. 아이가 알림장이나 일기장을 선생님에게 검사받는 경우에는 쪽지나 편지를 이용해서 상담을 받을 수 있다. 궁금하거나 고민되는 적어 보내면 선생님이 그에 대한 답변을 써주시거나 전화를 해주신다. 그러면 그에 맞춰 대응하면 된다. 단 이때 주의할 점은 아이에게 상처가 될 내용이 있다면 아이가 읽지 못하도록 봉투에 넣어서 보내야 한다. 아이가 선생님과 따로 연락하는 것을 싫어하는 경우에는 쪽지나 편지가 전달되지 않을 수 있다. 이때에는 아이에게 이런 점 때문에 선생님에게 조언을 구하는 것이라는 사실을 설명해주고 제대로 전달될 수 있도록 한다.

상담을 갈 때에는 무언가를 들고 가야 한다고 신경 쓸 필요가 없다. 학교 측에서도 선물을 하는 걸 꺼린다. 사회적으로 워낙 말들이 많은 사항이고, 자칫 잘못하다가는 학교 전체가 시끄러워질 수 있기 때문에 무언가를 준비해야 한다는 부담감은 갖지 않아도 된다. 선물을 줘도 요즘은 선생님들이 먼저 받지 않으려고 한다. 게다가 요즘은 선생님들이 선물하는 학부모를 오히려 이상하게 생각하는 경우도 많다고 한다. 아이에게 무슨 문제가 있기 때문이라고 생각하는 경우도 있다. 그래도 빈손으로

가기가 좀 망설여진다면 같은 학년 선생님들이나 같은 교무실을 쓰는 선생님들끼리 나눠 마실 수 있게 음료수를 들고 가는 정도면 충분하다.

꼭 의논해야 할 일은 없지만, 그냥 아이의 학교생활이나 교우관계 등이 궁금해서 하는 상담이라면 학부모가 먼저 아이에 대해 있는 그대로를 설명하는 게 좋다. 질문을 할 때에는 "우리 아이 어때요?"처럼 막연하게 하지 말고 "친구들과 사이좋게 지내나요? 특별히 문제되는 행동은 하지 않나요?" 또는 "수업 태도는 어떤가요? 준비물은 잘 챙겨오는지, 질문에 대답은 잘하는지 궁금합니다"처럼 구체적으로 물어보아야 한다. 막연하게 아이가 어떠냐고 물어보면 선생님 입장에선 무슨 이야기를 어떻게 해야 할지, 어디서부터 어디까지 이야기해야 할지 난감하기 때문이다.

경우에 따라서는 선생님이 먼저 아이에 대해 학부모가 얼마나 알고 있는지 물어보는 경우도 있다. 그럴 땐 그 상황을 기분 나쁘게 생각하지 말고 최대한 성심성의껏 답변을 한다. 선생님이 그렇게 질문하는 데에는 그만한 이유가 있기 때문이다. 선생님이 그런 질문을 하는 까닭을 조심스레 물어보고 문제가 되는 일이 벌어졌을 경우 선생님과 최대한 의견을 조율하는 것이 바람직하다.

학교 선생님뿐만 아니라 학원 선생님들과도 연락을 자주 취하는 것이 좋다. 아이의 행동이 집이나 학교에서와 다를 수 있기 때문이다. 학교 선생님과도 문자나 전화, 쪽지 등을 이용해 아이의 상황을 수시로 점검해서 고칠 점이나 부탁할 것들을 전하도록 한다. 특히 아이가 학년이 올라

가면서 사춘기가 오면 엄마의 말보다는 선생님들의 말을 더 잘 들을 수 있으므로, 선생님들과의 상담을 적극 활용해야 한다.

마음을 가득 담은 편지로 고마움을 표시하라

몇 년 전만 해도 '스승의 날'이 되면 촌지 때문에 말들이 많았다. 어느 선생님은 노골적으로 봉투를 달라고 했다더라, 어떤 선생님은 그 자리에서 봉투를 돌려줘서 민망했다, 누구 엄마는 명품 화장품을 선물했다더라, 누구 엄마는 책 사이에 상품권 몇 장을 끼워 드렸다더라. 듣고 있으면 참으로 불편한 이야기들이 많이 들려오곤 했다.

몇 해 전부터 교육청과 학교 측에서 신경을 곤두세우고 대책을 마련하기 시작했다. 어떤 학교에서는 선생님들께 카네이션 한 송이도 받지 말라고 강력한 지시가 내려지기도 하고, 또 어떤 학교에서는 일부러 스승의 날을 학교장 재량권을 발휘해 임시 휴업일로 지정하여 휴교를 하기도 한다.

사정이 이러한데도 일부 학부모들은 아직도 스승의 날이 가까워오면 적지 않게 신경을 쓴다. 물론 학부모 입장에서는 철없는 아이를 가르치느라 노고가 많은 선생님께 감사의 마음을 표현하고 싶은 것은 이해가 된다. 하지만 과도한 선물은 오히려 서로에게 부담이 되고 폐가 될 수 있다. 그러니 스승의 날 선생님께 따로 선물을 하려는 마음을 접어두도록 하자.

선생님께 아이를 잘 가르쳐주는 것에 대해 감사의 마음으로 선물을 하고 싶다면 학년이 끝날 때 하는 것이 좋다. 일 년 동안의 선생님 노고에 감사드리려면 새 학년이 시작된 지 얼마 안 되는 스승의 날보다 학년 말이 훨씬 알맞기 때문이다. 스승의 날 선물을 드리는 것은 자칫 잘못하면 우리 아이 좀 잘 봐주십사 하고 부탁을 드리는 모양이 될 수 있기 때문에 하지 않는 것이 훨씬 낫다.

스승의 날 선생님께 감사하다는 인사를 하고 싶다면 부모와 아이가 각자의 입장에서 선생님께 편지 한 장 써서 드리는 것이 훨씬 좋다. 선생님에게는 진심을 담은 손편지가 더 큰 감동을 줄 수 있다. 그것도 엄마아빠의 편지는 어지간해서는 받아보기 힘들기 때문에 의미가 더 크다.

편지는 가능하다면 정성들여 직접 쓰는 것이 좋다. 예쁜 편지지에 한 글자 한 글자 마음을 다하여 최대한 깔끔하게 쓰도록 한다. 글씨를 못 쓴다고 신경 쓰지 말고, 아이를 가르치느라 고생이 많은 점에 대하여 감사하다는 말씀을 전한다. 그리고 평소 하고 싶었던 말이나 따로 부탁하고 싶은 말이 있으면 덧붙여도 괜찮다.

비교과 체험활동을 위한 품앗이 모임을 가져라

입학사정관제 때문에 비교과 체험활동들이 중요해졌다. 그래서 어릴 때부터 진로를 정하고 그 꿈에 맞춰 여러 가지 경험을 충분히 해야 한다고 말한다. 하지만 현실적으로는 불가능하다. 왜냐하면 한참 자라나는 아이들의 경우 되고 싶은 꿈이 수시로 바뀌기 때문이다. 보통 아이들의 경우 어제는 데니스 홍 박사를 보면서 과학자가 되고 싶다고 하다가, 오늘은 발레리나 강수진을 보면서 발레리나(또는 발레리노)가 되고 싶어 하고, 내일은 야구선수 박찬호를 보면서 야구선수를 꿈꾼다.

그런데도 우리의 교육 체제에서는 일찍부터 진로를 정해서 한 길만 걸으라고 한다. 어린 나이부터 한 가지 꿈에 맞추어 꾸준히 노력하라고 강요한다. 현실이 이렇기 때문에 불평불만을 늘어놓고만 있을 수는 없다. 일찍부터 꿈을 정하려면 다양한 경험들을 해봐야 하기 때문이다. 이것도 경험해보고 저런 것도 체험해봐야만 아이가 어떤 것에 흥미가 있고 어떤 것을 잘하는지 알 수 있다. 경험해보지 못한 것, 알지 못하는 것에 대해서는 흥미를 갖기란 어렵다. 그러니 시간 날 때마다 아이에게 여러 가지 체험을 할 수 있도록 해주어야 한다.

'창의적 체험활동'이라고도 부르는 '비교과 체험활동'은 교내외 임원진 활동, 봉사활동, 동아리활동, 독서기록활동 등 학교에서 하는 모든 활동을 일컫는 말이다. 대학에 입학할 때 참고하기는 하겠지만 일반적으로 초등학교 때에는 비교과 체험활동들이 그렇게 큰 비중을 차지하지는 않는다. 그럼에도 불구하고 어릴 때부터 관리해야 하는 까닭은 '세 살 버릇이 여든까지 가기' 때문이다.

어릴 때부터 이렇게 비교과 체험활동을 꾸준히 관리하려면 아이 혼자서는 할 수 없다. 엄마아빠의 도움이 꼭 필요한 이런 활동들은 몇몇 마음 맞는 엄마들이 함께 어울려 하게 되면 훨씬 쉽고 편하다. 같은 반 친구 엄마들과 품앗이 모임을 만들거나, 가까이 사는 엄마들과 그룹을 만들어 함께 움직이는 것이다.

품앗이 모임을 만들면 아이들끼리도 친해질 수 있을 뿐만 아니라 엄마들, 나중에는 가족 모두가 자연스럽게 친해지는 장점이 있다. 또 여러 사람이 각자 자기가 잘할 수 있는 일들을 나누어 처리하기 때문에 일처리가 쉬워진다. 역할 분담을 하기 때문에 한 사람이 전 과정을 준비하는 것보다 전문적으로 할 수 있고, 알차게 시간을 보낼 수도 있다. 재미있으면서도 교육적 효과는 배가 되고, 경제적으로도 절약이 가능하다. 이런 품앗이 모임을 아이가 어릴 때부터 만들어서 보름에 한 번 또는 한 달에 한 번 등으로 정기적으로 하면 다양한 체험활동들을 할 수 있다.

아이의 학교생활 챙기기

안심문자 서비스로 등·하교를 챙겨라

초등학교 등교 시간은 8시 30분이다. 일하는 엄마의 경우 아이보다 먼저 출근하는 경우가 대부분이다. 그래서 아이 혼자서 제대로 등교를 했는지, 지각은 하지 않았는지, 아무 일 없이 정상적으로 하교는 잘했는지 등이 궁금하다. 아이의 안전한 등·하교가 확인되어야만 엄마아빠는 안심하고 비로소 본인의 일에 집중할 수 있다.

이를 위해 교육과학부에서는 2011년부터 전국 초등학교를 대상으로 등하교 안심문자 서비스를 전면 확대 실시를 하고 있다. 이 서비스는 아이가 등교를 하여 교문을 들어서면 학부모에게 학교 도착했다는 사실을 문자로 알려주고, 수업이 끝난 후 교문을 나서면 아이가 하교한다는 사실을 문자로 알려준다.

등·하교 안심문자 서비스는 지금도 확대 실시를 하고 있는 중이며, 아직은 이 서비스가 실시되고 있지 않은 학교가 많아 안타깝다. 그리고 무료 서비스가 아니라 약간의 요금 부담을 해야 하며, 학부모에게 선택권이 있어서 신청을 해야지만 서비스 이용이 가능하다.

학교에서 이런 서비스를 운영하고 있지 않거나 마음에 들지 않는다면 일반 통신회사에서 운영하고 있는 자녀안심 서비스를 이용해도 좋다. 보통 한 시간 단위로 아이가 어디에 있는지 위치를 알려주는 서비스인데, 일하는 엄마아빠에게는 아이가 학교에 있는지 학원에 갔는지를 알 수 있어서 아주 유용하다. 또 아이들이 등·하교할 때 혹시나 겪을 수도 있는 위험에 대해 빠르게 대처할 수 있고 안전 대책을 마련할 수 있어서 약간의 사용료를 내더라도 충분히 이용할 만한 가치가 있다.

학원 가운데에서도 몇몇 학원은 이런 서비스를 응용하여 아이의 등·하원 정보를 제공하고 있으니 학원 선정할 때 참고하면 좋다. 학원 등록을 할 때 지문 인식을 시켜서 아이가 등·하원할 때마다 지문을 찍으면 부모에게 문자로 알려주는데, 부모 입장에서는 아이가 제 시간에 학원에 도착했는지 바로바로 확인할 수 있다는 편리함이 있다.

학급 임원 선거에 도전하게 하라

매학기 초가 되면 각 학급에서는 반을 대표할 임원들을 뽑는다. 보통 3월 중순과 9월 초에 한 학기 동안 반을 대표해서 여러 가지 봉사를 할 반장, 부반장, 회장, 부회장을 뽑는다. 그리고 여기에서 뽑힌 임원들 가운데 5, 6학년들을 대상으로 하여 전교 회장과 부회장을 선출한다.

아이가 반장 선거에 출마를 하겠다고 하면 일하는 엄마의 경우 대부분이 못하게 한다. 아이 때문에 엄마도 덩달아 반 대표 엄마가 되어야 하는 경우가 많기 때문이다. 더군다나 1학기 때 임원에 당선되면 일년 동안 학교에 들락거리면서 봉사할 일들을 많은데, 일하느라 그렇게 하지 못하기 때문에 반장 선거 출마 자체를 말리는 것이다.

하지만 아이를 위해서는 도전해보라고 적극적으로 권하는 게 좋다. 그래야 아이에게 도전의식도 생기고, 실패를 두려워하지 않는 마음 자세도 갖게 된다. 또 선거에 나가기 위해서 몇 날 며칠 동안 여러 가지 준비를 하면서 배울 수 있는 것도 많다. 설사 선거에 나갔다가 떨어지더라도 그 또한 아이에게는 좋은 경험이 될 것이고, 배우는 점도 있어서 더 큰 사람으로 자라는 데 분명 도움이 된다.

아이가 반장 선거에 과감하게 도전해볼 수 있도록 엄마아빠가 옆에서 적극적으로 도와주자. 우선 아이와 왜 친구들이 자기를 반장으로 뽑아야 하는지 이유를 설명하고, 반장이 될 수 있게 투표권을 행사해달라는 연설문도 쓰도록 도와준다. 반장이 되면 앞으로 학급이나 반 친구들을 위해서 무엇을 어떤 식으로 봉사할 것인지 공약도 세워야 한다.

　공약을 정하고 연설문을 쓴 다음에는 친구들 앞에 나가서 연설을 하는 연습을 여러 번 해보는 것이 좋다. 연설 연습을 할 때 친구들이 귀 기울여 들을 수 있도록 적당한 목소리 톤을 찾고 말하는 속도도 연구해봐야 한다. 반 전체에 들릴 만큼 큰 목소리로 연설을 하되, 중요한 부분을 말할 때에는 좀 더 강하게 말하거나 반대로 소리를 낮춰서 말하는 등 연설 방법을 지도해준다. 또 너무 빨리 말하면 잘 알아들을 수 없고 너무 느리게 말하면 친구들이 지루해할 수 있으므로 중간 속도로 말할 수 있도록 충분히 연습하게 한다.

　연설을 할 때에는 표정도 중요하다. 자신 있는 표정으로 말하되 어깨를 쫙 펼쳐서 당당한 이미지를 주어야 한다. 또 확실하게 자신을 인식시킬 수 있도록 적절한 손동작이나 독특한 몸동작을 곁들이게 하는 것도 많은 도움이 된다. 만약 아이가 전교 임원단에 출마를 한다면 여기에 덧붙여 피켓이나 플래카드 등도 준비해주고, 친구들 가운데 도와주고 지지해줄 선거 후원단도 선정해두어야 한다.

예절을 지키는 아이로 키워라

　주변을 보면 산만한 아이들이 많다. 주의력결핍장애(ADHD)를 앓는 아이도 많고, 딱히 병이라고 꼬집어 말하기는 어렵지만 잠시도 가만히 있지 못하는 유사 증상을 보이는 아이들도 많다. 한 반에 서너 명 정도의 아이가 있는데, 다른 아이들이 수업에 방해가 되기 때문에 선생님으로부터 자주 지적을 받거나, 아예 신경도 안 쓰며 무시당하는 경우도 종종 있다.

이와 반대로 조용히 딴 짓을 하는 아이들도 많다. 어떻게 그럴 수 있냐고, 상상도 안 가는 소리라고 할 수 있겠지만, 이런 아이들은 대놓고 책상에 엎드려 잔다. 실제로 한 반에 한두 명씩은 이런 아이들이 꼭 있다. 옛날 같으면 깜빡 졸기만 해도 분필이 날아오거나 선생님의 불호령이 떨어질 텐데, 요즘 선생님들은 봐도 못 본 척 가만히 놔둔다. 아이들도 친구를 굳이 깨우려고 하지 않는다. 혼자서 그러고 있는 것은 문제지만 다른 아이들에게 피해를 주지 않으니 모르는 척 눈 감아주는 것이다. 또 졸고 있거나 자는 아이를 깨울라 치면 "졸리면 자야지 무슨 소리냐? 왜 수업 시간에는 자면 안 되냐?"며 오히려 큰소리치며 따지고 대들기 때문에 조용히 처리하려고 하는 것이다.

수업 시간에 화장실에 가겠다거나 목이 마르니 물을 마시고 와야겠다고 당당하게 말하는 아이들도 많다. 1~2학년이라면 아직 어리니까 어느 정도 이해가 되지만 5~6학년들도 수업 시간에 소변이 마렵다, 목이 말라 수업을 할 수 없다고 하는 경우가 많다. 지금은 수업 중이니 참았다가 끝나면 가라고 해도 못 참겠다고 막무가내로 우기면 도리가 없다.

심지어는 아침마다 자습 시간 시작 전에 휴대전화를 모두 거두는데도 불구하고 선생님의 눈을 피해 내지 않고 있다가 휴대전화로 게임을 하고 있는 경우도 있다. 선생님 눈에 띄어 압수를 하려고 해도 남의 물건을 왜 맘대로 빼앗아가느냐고 따지면서 거세게 항의하는 아이들도 있다.

이제 막 사춘기가 시작되는 고학년 아이들, 특히 남자 아이들 경우에는 선생님을 향해 입에 담지 못할 욕을 하거나 눈을 부라리며 금방이라도 손에 힘을 실어 어떤 행동을 취할 것 같은 경우도 종종 있다고 한다. 뉴스에서나 볼 수 있는 상황이 아니라 요즘 우리 아이들이 다니는 학교에서 실제로 일어나는 일들이다.

선생님 입장에서는 모든 아이들을 똑같이 예뻐해주고 사랑해주고 신경 써주어야 하겠지만 선생님도 우리와 똑같은 사람이다. 당연히 수업 시간에 졸지 않고 눈망울을 초롱초롱하게 뜨고 선생님이 하시는 말씀에 집중하는 아이, 준비물도 잘 챙겨오고 친구와 떠들거나 부산스럽게 행동하지 않는 아이, 화장실 볼일이나 물 마시는 정도는 쉬는 시간에 깔끔하게 처리하고 수업 시작종이 울리기 전 자기 자리에 앉아서 선생님이 수업이 시작되기를 기다리는 이런 아이들이 예쁠 수밖에 없다. 질문을 하면 적극적으로 대답하려 하는 아이, 선생님이 설명할 때 귀담아 들으면서 중요한 내용들은 따로 메모하는 이런 아이들이 사랑스러울 수밖에 없다. 아이와 함께 수업 시간에 지켜야 할 최소한의 예의는 무엇인지 이야기를 나누어보고, 이를 지킬 수 있도록 항상 주의를 주어야 한다.

인사성이 밝은 아이로 키워라

인사는 힘들이지 않고 상대방 기분을 좋게 할 수 있을 뿐만 아니라 그 사람의 하루를 즐겁게 만드는 묘한 매력이 있다. 아침에 정신 없이 나오다 보니 무표정하게 엘리베이터를 탈 때가 많다. 그럴 때 먼저 탄 사람이 또는 나중에 타는 사람이 환하게 웃는 얼굴로 "좋은 아침입니다"라고 인사하면 덩달아 인사를 하게 되는데, 그럴 때면 자신도 모르게 웃으면서 인사를 하게 되는 경우가 많다. 얼떨결에 인사를 나누고 웃게 되었지만 그렇게 하루를 밝은 인사로 시작하면 다른 사람을 만났을 때에도 그대로 웃으면서 인사를 나누게 된다.

택시나 버스를 타고 내릴 때까지만 해도 그냥 평범한 운전기사였는데, "좋은 아침입니다. 저희 회사 차량을 이용해주셔서 감사합니다" 또는 "만나서 반갑습니다. 안전 운전하겠습니다"라는 인사를 받으면 그 운전기사에 대한 이미지가 좋아지면서 친절한 운전기사로 인식이 바뀌게 된다. 그런 운전기사들은 대개 손님이 내릴 때에도 "남은 시간도 행복하세요"라든가 "좋은 하루 되세요"라는 인사를 하는데 덕분에 그날 하루를 기분 좋게 지낼 수 있게 된다.

어른들은 가끔씩 "예쁨 받고 안 받고는 다 자기 하기 나름이다"라고 말씀하는데, 아이들이 어떻게 하느냐에 따라 선생님에게 예쁨도 받고 미움도 받는다. 어린 아이가 아침부터 생글생글 웃으면서 인사를 하는데 어떻게 미워할 수 있겠는가? 만날 때마다 허리를 굽혀 인사를 하는 아이를 선생님이 어떻게 예뻐하지 않을 수 있겠는가?

아이가 이렇게 인사만 잘해도 선생님들은 그 아이를 예뻐한다. 인사 잘하는 아이, 예의 바른 아이로 인지하면서 마주칠 때마다 머리를 한 번 쓰다듬어준다든가 인사도 잘한다고 칭찬을 해주시는 등 눈길을 한 번 더 주신다. 그러므로 아이가 인사를 잘할 수 있도록 엄마아빠가 본보기를 보여주도록 노력해야 한다. 말로만 인사하라고 하는 것이 아니라 직접 만나는 사람들마다 인사하는 모습을 보여주어야 한다.

인사를 할 때에는 일단 웃는 표정을 짓는 것이 중요하다. 성난 얼굴이나 무표정한 얼굴로 인사를 건넬 경우 건성으로 하는 인사 같아 오히려 기분이 상할 수 있다. 인사하는 사람의 마음이 상대방에게 기쁘게 전달되도록 환하게 웃는 얼굴 표정과 밝고 경쾌한 목소리로 인사를 하는 것이 좋다.

인사할 때에는 몸동작도 중요하다. 입으로 소리 내어 인사를 하는 것과 동시에 얼굴 표정과 몸동작이 일치해야 인사하는 사람의 진심이 상대방에게 전달될 수 있다. 또 고개만 까딱 하고 인사를 하는 것보다 엉덩이를 뒤로 조금 뺀 상태에서 허리를 숙이며 인사하는 것이 좋다. 손은 가지런히 모아서 배 위에 살포시 올린 상태에서 눈은 상대방을 쳐다보며 인사하는 것이 좋다.

공개수업에 참관하여 격려하라

4월 중순쯤 되면 각 학교는 공개수업 준비로 선생님들은 정신없이 바쁜 나날을 보낸다. 공개수업은 학교 선생님들 또는 같은 교과목 담당 선생님들을 대상으로 하는 수업도 있지만, 일반적으로는 학부모를 대상으로 하는 것을 이야기한다. 이런 공개수업은 주로 선생님과 학부모가 서로 원활히 소통하기 위해서 열리며, 학교 교육에 대한 신뢰감을 높이기 위한 목적을 가지고 있다.

공개수업이 열리기 일주일 전쯤 참석 여부를 묻는 가정통신문이 발송된다. 가능하면 일정 조정을 해서 공개수업에 참여하여 아이의 기를 살려주는 것이 좋다. 다른 친구들 엄마들은 교실 뒤편에 서서 어떻게 수업하는지 지켜보고 있는데, 우리 엄마만 안 오셨다는 생각 때문에 아이가 의기소침해질 수도 있기 때문이다. 공개수업에 참관하면 우리 아이가 학교생활을 어떻게 하고 있는지 직접 확인해볼 수 있다. 교실에서 아이들이 선생님과 어떻게 수업을 하는지, 우리 아이의 수업 태도나 집중도, 발표 자세 등을 파악할 수 있는 좋은 기회다.

또한 선생님의 수업 진행 방식, 수업 방법, 수업 내용 등도 함께 확인할 수 있다. 학교가 학부모 공개수업을 여는 까닭이 바로 학부모가 학교에 아이들을 믿고 맡길 수 있는 환경을 조성하기 위해 여러 모로 애쓰고 있음을 알리기 위한 것이다.

공개수업은 일반적으로 1교시 정도 참관이 가능한데, 각반 교실에서 자유롭게 진행된다. 대부분 담임선생님과 자기 교실에서 수업이 이루어지지만, 과목에 따라서 음악실이나 과학실 등으로 장소를 옮겨 수업이 이루어지기도 한다. 가끔씩은 과목 전담 선생님과 수업이 진행되는 경우도 있는데, 이에 따른 안내는 사전에 가정통신문이나 안내장을 통해 이루어지니 참고하면 된다.

공개수업에 참관하면서 우리 아이가 잘하는 것은 칭찬과 격려를 해주고, 부족한 점은 체크해두었다가 따로 보충해주는 계기로 삼으면 좋다. 그렇지만 공개수업에서 본 아이의 모습이 전부라고 생각해서는 안 된다. 공개수업 때는 교실 뒤에 많은 엄마아빠들이 와 계시기 때문에 아이들이 평소보다 훨씬 잘하는 경우도 있고, 반대로 평소와 달리 더 어수선하고 산만한 경우도 있기 때문이다.

특별 행사는 미리미리 준비시켜라

아이를 처음 학교에 보낼 때는 잘 모르겠지만 한두 해가 지나다 보면 매년 일정 시기가 되면 학교에서 비슷비슷한 행사를 한다는 것을 알게 된다. 학교에서 하는 특별 행사는 일반 교과와는 달리 아이들의 학교생활에 활기를 주고, 학교생활을 즐겁고 풍부하게 할 수 있도록 하면서 학교생활의 규율을 지키도록 실시하고 있다.

학교 행사는 학교가 주체가 되어 운영을 하지만, 아이들이 어떤 자세로 참여하느냐에 따라 많은 것이 달라진다. 그러니 이런 행사들이 언제 어떤 식으로 열리는지 잘 기억해두었다가 미리 준비를 시켜 아이가 학교 생활을 재미있게 좀 더 적극적으로 할 수 있도록 도와주는 것이 좋다.

학교 행사 가운데 거의 매달 열리는 각종 대회에는 적극적으로 참여하게 유도해야 한다. 여기에서 크고 작은 상을 수상하게 되면 아이는 이 일을 계기로 자신감을 갖고 되고, 더 열심히 학교생활에 임하려고 한다. 또한 수상 여부가 생활기록부에도 기재되기 때문에 상급 학교에 진학할 때 자료로 쓸 수도 있게 된다. 그렇기 때문에 1~2주 전부터 행사와 관련된 체험을 미리미리 시켜주는 것이 좋은데, 책이나 관련 박물관 등을 통해 직·간접적인 체험을 통해 생각을 다지는 시간을 충분히 주도록 신경 써주어야 한다.

대개 학교에서 매년 준비하는 행사는 3월 달에는 입학식 및 개학식을 비롯한 반장 선거와 전교 회장단 선거가 이루어진다. 4월에는 과학의 달 행사와 도서관 주간을 맞이하여 독서 관련 행사가 열리고, 5월에는 운동회가 끝난 다음 중간고사를 치루고, 가정의 달 행사를 열기도 한다. 뒤이어 5월~6월 사이에 보건의 달 행사를, 6월에는 호국보훈의 달 행사가 열린다. 또 6월 말 또는 7월 초에 기말고사를 치른 다음 7월 중순을 즈음해서 아이들이 손꼽아 기다리는 여름방학식을 해서 8월 말쯤 개학을 하고, 9월에 2학기 반장 선거를 한다.

10월 즈음 아이들의 학교생활을 즐겁고 풍부하게 하기 위해서 학예회나 발표회, 축제나 전시회 등을 열거나 학교에 따라서는 체육대회를 열기도 한다. 물론 이맘때 2학기 중간고사도 치르고, 현장학습 등의 체험학습이 학교 밖에서 진행된다.

학교에 따라서 다르기는 하지만 봄이나 가을에는 소방관들이 직접 학교로 찾아와 시범을 보이는 소방안전 훈련, 지진 등의 자연재해를 대비해 대피 요령 등을 아이들이 직접 해보게 하는 안전지도 행사가 열리기도 한다. 최근 몇 년 사이에 정기고사를 치르지 않는 학교가 점점 늘어나고 있는 추세다. 평상시 단원 평가나 쪽지 시험 등을 통해 평가를 하는 곳이 늘어나면서 중간고사나 기말고사 자체가 없는 학교도 생겨나고 있다. 경우에 따라서는 중간고사는 생략하고 기말고사만 치르는 학교도 있다. 그러므로 교장선생님 재량에 의해 달라지므로 해가 바뀔 때마다 아이가 다니고 있는 학교는 어떤 식으로 평가를 하고 있는지 꼭 확인해봐야 한다.

운동회 또한 매년 열리는 곳도 있지만 그렇지 않은 곳도 많다. 운동회를 열더라도 운동장이 작은 학교가 많다 보니 모든 학년이 한꺼번에 운동회에 참석하는 것이 아니라 2일에 걸쳐서 두세 학년으로 나눠 운동회를 치르기도 한다. 운동회를 매년 열지 않는 학교에서는 가을에 발표회나 축제를 여는 것과 운동회를 번갈아가면서 격년제로 실시하는 학교도 있다.

학교 홈페이지를 자주 방문하라

아이를 학교에 보내놓으면 아이보다 엄마가 더 긴장되고 신경 쓰인다. 부모 마음에 아이가 선생님 말씀은 잘 듣는지, 전달 사항은 잘 알아듣고 제대로 전달하고 있는 건지 항상 노심초사하게 된다.

그래도 여자 아이의 경우는 그나마 좀 낫다. 남자 아이들에 비해 여자 아이들은 야무져서 자기 물건도 잘 챙기고 자기가 해야 할 일도 알아서 하기 때문이다. 집에 돌아와서도 학교에서 있었던 일들을 미주알고주알 늘어놓기 때문에 여자 아이를 둔 엄마들을 만나면 학교 일을 줄줄이 꿰고 있는 경우가 많다. 어떤 경우에는 아이가 토시 하나 안 바꾸고 그대로 이야기하기 때문에 현장에 있는 것처럼 생생하게 그림이 그려질 때도 있다고 한다.

이에 반해 남자 아이들은 무언가가 못 미덥다. 새로 산 물건마다 일일이 이름을 써서 스티커를 붙여줘도 잃어버리고 오는 경우가 허다하다. 게다가 선생님은 분명히 나눠주셨다는데 집에서는 도무지 가정통신문이나 안내장을 받아볼 수 없는 날이 더 많다. 학교에서 무슨 일이 있었는지 관심조차 없어서 자기와 직접적인 연관이 없는 일은 "그런 일이 있었대? 나는 전혀 몰랐는데, 언제 그랬대?" 하며 오히려 엄마에게 반문하는 경우도 많다. 아주 가끔 자기와 관련된 이야기를 하기도 하는데, 그것마저도 자기한테 불리한 이야기는 절대로 하지 않는다. 그러니 남자 아이를 둔 엄마는 학교 소식에 감감무소식일 경우가 많다.

사정이 이렇다 보니 엄마들 사이에서는 남자 아이는 3~4학년이 되어도 1학년 여자 아이보다 못하다고 하는 말들이 오가는 것이다. 아이가 엄마 바람대로 야무지고 똑 부러져서 자기 물건 잘 챙기고 해야 할 일을 알아서 척척 하면서 학교에서 주는 안내장 똑바로 전달하고 친구나 선생님과 있었던 이야기를 쫘르륵 늘어놓으면 얼마나 좋을까. 하지만 그건 애초에 불가능한 일이라고 보는 게 나을 것이다.

가뭄에 콩 나는 걸 기다리는 게 더 나을지도 모르는 상황에서 아이만 탓하고 있을 수는 없다. 엄마가 알아서 발로 뛰고 손가락 품을 팔아야지 마냥 손 놓고 아이가 잘하기를 기다려서는 안 된다. 여자 아이를 둔 두세 명의 엄마들을 사귀어서 자주 연락하며 학교 공지사항이나 특이사항들을 수시로 확인하는 수밖에 없다. 그것마저 사정이 여의치 않으면 학교 홈페이지를 자주 들락거리면서 이런저런 정보를 얻는 것이 좋다.

학교 홈페이지에 들어가면 공지사항뿐만 아니라 각 가정으로 발송되는 가정통신문 자료도 올라와 있어서 아이가 갖다 주지 않아도 내용 확인이 가능하다. 교내외에서 열리는 대회들에 대한 정보도 얻을 수 있고, 급식 식단표도 확인할 수 있으며, 한 달 동안 학교에서 열리는 행사 일정도 알 수 있다. 이미 시행된 행사의 경우에는 관련 사진으로 확인해볼 수 있다. 또 영재학급이나 걸스카우트, 컵스카우트 등의 단체들이 어떻게 운영되고 있는지도 바로바로 확인할 수 있다.

요즘에는 방과후 교실 신청도 학교 홈페이지에서 학부모가 바로 할 수 있다. 방과후 교실 강사 프로필이나 프로그램 계획안 등에 대한 정보를 자세히 올라와 있기 때문에 쉽게 관람할 수 있는 동시에 꼼꼼하게 따져보고 신중하게 결정할 수 있다.

이외에도 거의 모든 학교가 각 학급별 홈페이지를 따로 마련해두고 있다. 그래서 언제든지 반 아이들끼리 어떤 이야기를 주고받는지, 교실에선 어떤 일들이 벌어지고 있는지, 선생님과 아이들은 어떤 식으로 소통하고 있는지 등도 확인할 수 있다. 또 STEP & JUMP, 다높이 같은 교과목 연관 자료들도 바로 접속이 가능하도록 연계되어 있어 학습 면에서도 도움도 받을 수 있게 되어 있으니 적극적으로 활용하는 것이 좋다.

학부모 서비스를 적극 활용하라

방학식 하는 날이 가까워지면 담임선생님께서 반 아이들 이름을 한 명 한 명 부르시면서 통지표를 나눠주시던 기억이 새록새록 떠오른다. 내 이름이 불리기 전까지 가슴이 콩닥콩닥 뛰었다. 내 차례까지 기다렸다가 받자마자 선생님이 뭐라고 쓰셨는지부터 보고 뿌듯해하기도 하고 때로는 속상해하기도 했었다.

요즘 아이들은 방학식 날 생활통지표 대신 생활기록부를 받는데, 선생님이 자기에 대해 뭐라고 썼는지 별 관심도 없다. 그냥 A4 용지나 다름없는 종이 한 장에 불과한 것처럼 취급한다. 그런데 문제는 이마저도 엄마아빠에게 제대로 전달이 안 된다는 것이다. 부모는 아이가 어떻게 생활하는지 알고 있지만, 그래도 한 학기 동안 어떤 과목을 어떻게 공부했는지, 선생님이 우리 아이를 어떻게 평가했는지 궁금하다.

이럴 때에는 담임선생님에게 전화를 걸어 다시 발급해달라고 하면 된다. 하지만 문제는 방학에는 선생님도 출근을 안 하기 때문에, 방학 중 학급 소집일이 있으면 그때 받아볼 수 있다. 하지만 초등학생은 대부분이 소집일도 없으니, 개학 때나 되어서야 받아볼 수 있다. 그래서 이렇게 선생님에게 죄송스러운 부탁을 드리고 기다리는 등 일을 번거롭게 만들지 않고 그냥 학부모 서비스를 이용하는 것이 훨씬 더 낫다.

학부모 서비스는 거의 모든 학교 홈페이지에 관련 배너를 항상 띄어놓고 있다. 간단하게 배너를 클릭해서 안내에 따라 가입해도 되고, 교육인적자원부에서 지원해서 운영되고 있는 교육행정정보시스템인 '내 자녀 바로 알기 학부모 서비스(www.neis.go.kr)'를 검색해서 이용해도 된다.

단 이 서비스를 이용하기 위해서는 사전에 회원가입을 하고(요즘에는 공인인증서를 이용해서 가입한다), 담임선생님으로부터 승인을 받아야 한다. 그런데 이 승인을 받는 과정은 신청하는 즉시 되는 것이 아니라 최소 2~3일에서 평균적으로 3~4일 정도가 소요된다. 그렇기 때문에 편리하게 아무 때나 원할 때 사용하고 싶다면 학기 초에 미리미리 승인을 받아두는 것이 좋다.

이러한 서비스를 이용하면 아이의 성적뿐만 아니라 봉사활동, 동아리

활동 등에 대한 정보도 얻을 수 있다. 그뿐만 아니라 예방접종 상태나
신체검사 결과를 통해 발육 정도도 알 수 있어 좋으니 적극 활용하기 바
란다.

일하는 엄마의 아이 학교생활 챙기기 조언

1. 마음에 맞는 친구들과 그룹 수업을 만들어라.

2. 친구들과 함께 다닐 수 있는 학원을 우선 고려하라.

3. 친구를 골라서 사귀게 하지 마라.

4. 학부모 총회는 반드시 참석하라.

5. 담임선생님과 적극적으로 연락하라.

6. 품앗이 모임을 활용하라.

7. 안심 문자 서비스로 등·하교를 챙겨라.

8. 임원 선거에 도전하게 하라.

9. 예의 바른 아이로 키워라.

10. 공개수업에 참관하여 격려하라.

11. 학교 홈페이지를 자주 방문하라.

Part 03

방과 후
엄마의 빈자리 챙기기

방과후 자유시간을 챙겨라

몇 해 전부터 사교육비 절감을 위해 교육청이나 학교 측에서 여러 방면으로 많은 노력을 하고 있다. 초등학교에서 시행하고 있는 방과후 학교(방과후 교실, 방과후 프로그램, 특기적성 프로그램 등으로 달리 불리기도 한다)가 바로 대표적인 예이다. 방과후 학교 프로그램이 처음 실시될 때에는 강사 수준이나 교육의 질을 믿지 못하는 학부모들이 많았다. 일부 학부모들은 아직도 이런 선입견을 갖고 있는 경우도 있는데, 이런 염려는 하지 않아도 된다. 학교 측에서 강사를 선정할 때 여간 꼼꼼하게 따지는 것이 아니기 때문이다.

학교에서 방과후 프로그램을 운영할 강사를 뽑을 때에는 기본적으로

133

강사가 약물 중독이나 전염병 또는 심각한 질병에 걸려 있지 않는지 등을 검사하기 위해 병원에서 발급한 채용신체검사 결과를 확인하고 있다. 이뿐만 아니라 관할 경찰서로부터 범죄 경력까지 조회하며 아이들의 건강과 안전을 최우선으로 신경 쓴다.

여기에 최종학력 증명서와 자격증 사본, 그동안의 강의 경력 등은 물론 연간 교육 계획안을 제시하도록 요구한다. 그래서 강사로서의 자질과 역량 등을 1차적으로 확인하고, 교장 또는 교감 선생님을 비롯한 몇몇 분들이 2차 면접까지 보고 당락을 결정한다. 그렇기 때문에 강사 수준이나 교육의 질이 떨어질까 하는 걱정은 하지 않아도 된다. 유명 강사 수준을 요구하는 등의 지나친 기대를 하지 않는다면, 이렇게 운영되는 방과후 학교 프로그램은 꽤 괜찮은 프로그램이기 때문에 적극적으로 활용하라고 권하고 싶다.

방과후 학교 프로그램은 정규 수업이 끝난 다음 학교 내 빈 교실을 이용해서 운영된다. 그렇기 때문에 아이 입장에서 볼 때 학원을 오가느라 힘들지 않다. 왔다갔다 하는 데 걸리는 시간도 줄일 수 있다. 엄마 입장에서 볼 때에도 좋다. 강사의 자질이나 강의 경력 등을 이미 학교 측에서 꼼꼼하게 체크했기 때문에 이 부분에 대한 걱정을 하지 않아도 되고, 사설 학원의 3분의 1에서 2분의 1 정도의 수강료로 아이에게 양질의 교육을 시킬 수 있기 때문이다. 학교 내에서 활동이 이루어지므로 그 시간 동안은 유괴 같은 사건사고에 대한 걱정하지 않아도 된다.

학교에 따라 다르기는 하겠지만 기본적으로 영어부터 논술, 역사 같은 학습 프로그램과 미술이나 로봇과학, 마술 등 다양한 특기적성 프로그램들이 운영되고 있다. 요일과 시간 조정만 잘하면 아이에게 여러 가지 다양한 학습과 경험들을 하도록 할 수 있다.

도서관 사서 선생님과 친분을 쌓게 하라

요즘 학교는 대부분 도서관이 따로 마련되어 있고 학교마다 도서관 관련 업무를 전담하는 선생님도 정해져 있는 경우가 많다. 여기에 전교생 수가 일정 수준 이상이고 도서관 규모가 어느 정도 갖추어졌을 경우 사서 선생님이 따로 계시기 때문에 학교가 모두 끝나는 시간까지 (대개 4시 30분) 도서관을 운영하고 있다. 학교장 재량에 따라 다르긴 하지만, 사서 선생님 혼자 도서 관리와 대출, 반납 관리, 도서관 행사 등을 모두 감당하기 어렵기 때문에 많은 학교에서 학부모 사서 도우미를 운영하고 있다.

학교 도서관은 사서 선생님을 비롯하여 도우미로 활동하는 학부모 한두 명이 정해진 시간까지 반드시 있기 때문에 아이의 안전에 신경 쓰지 않아도 된다. 오래 있어도 전혀 눈치 볼 필요 없는, 안심하고 시간을 보낼 수 있는 최적의 장소이다.

그렇기 때문에 아이들이 바로 학원에 가야 되는 경우가 아니라면 (학원에 가기 전 잠깐 짬이 날 경우 도서관에서 자투리 시간을 유용하게 보낼 수도 있다. 사서 선생님께 학원 갈 시간이 되면 알려달라고 사전에 부탁을 하면 학원에 늦는 일도 미리 막을 수 있다) 학교 도서관을 적극적으로 이용하도록 지도하는 것도 좋다. 일단 학교 도서관에 있는 책들은 사서 선생님이 심사숙고 끝에 학교 예산으로 구입한 책들이기 때문에 아이가 보기에 유해한 내용이 있는지 신경 쓰지 않아도 된다. 그리고 교과 연계 도서나 학년별 권장 도서목록이 따로 구비되어 있기 때문에 도서관에서 또는 대출하여 집에서 읽으면 학교 공부에 도움을 받을 수도 있다.

따로 돈을 들여 구비하기에는 부담되는 전집류나 학습만화를 아이에게 마음껏 읽힐 수 있어서 좋다. 책을 사주고 싶은데 딱히 어떤 책을 사줘야 할지 잘 모를 경우에는 아이가 자주 빌려오는 책을 보고 힌트를 얻을 수 있다. 물론 아이가 보는 책을 통해 아이의 주 관심사가 무엇인지를 알 수도 있다.

이외에도 학교 도서관은 다른 사람에게 크게 피해를 주지 않는 한 아이가 책을 읽거나 학교 숙제를 하는 것은 자유다. 공공 도서관에서는 열람실 이외의 장소에서는 책보는 이외의 활동, 즉 개인적인 학습활동을 규제하고 있는 데에 비해 학교 도서관에서는 별다른 제제가 주어지지 않는다. 아이가 숙제뿐만 아니라 개인적인 학습을 하더라도 혼내지 않는다. 오히려 사서 선생님을 비롯한 도우미 어머니들에게 책 좋아하는 아이, 스스로 공부하는 아이로 인식되어 칭찬을 받을 수 있다. 경우에 따라선 마음씨 좋은 선생님이나 어머니의 경우 간단한 간식거리를 챙겨주시는 경우도 종종 있다.

부수적으로 도서관에 자주 드나들면 학교 또는 교외에서 주최하는 여러 가지 유익한 행사나 참가하면 좋은 프로그램 소식을 빨리 접할 수 있다. 학교 도서관에서는 사서 선생님의 지도하에 여러 가지 행사들이 펼쳐진다. 학기 중에는 대개 독서퀴즈, 독서 골든벨, 독서엽서 만들기, 독서 감상화 그리기 등의 활동을 중심으로 하는 대회나 작가와의 만남 등 다채로운 행사가 열린다.

그리고 방학 때에는 2~3일에 걸쳐 책 만들기나 독서신문 만들기 이외에도 다양한 독후활동 프로그램을 운영하는 경우가 많다. 경쟁자가 많을 경우에는 뽑기나 담임선생님의 추천이나 재량으로 결정하지만 대부분 선착순으로 접수를 받기 때문에 도서관을 자주 이용하면 정보를 빨리 접할 수 있어 참여할 수 있는 확률이 높아진다.

아이 성향에 맞는 학습공간을 찾아라

초등학교 입학을 앞두고 있는 아이가 있는 학부모들은 아이 방 꾸미기에 심혈을 기울인다. 이제 어엿한 초등학생이니 아이가 공부할 수 있도록 방을 꾸며주어야겠다는 생각에서다. 그래서 아이가 앉아서 열심히 공부하는 모습을 기대하며 그럴듯한 책상과 그에 어울리는 의자를 구입한다. 침대에 커튼까지 세트로 한꺼번에 꾸며 주면서 방 분위기를 확 바꾸어주기도 한다.

아이의 초등학교 입학에 맞추어 방 분위기를 이렇게 바꾸어주면서 아이에게 초등학생이 되는 기분을 만끽하게 해주는 것도 나쁘진 않다. 아이에게 이제 유치원생이 아닌 초등학생이라는 자부심을 갖게 해주고, 새로운 분위기에서 새로운 마음으로 생활하자는 다짐을 할 수 있게 해줄 수도 있기 때문이다.

하지만 개인적으로는 이 방법을 별로 권하고 싶지 않다. 아이에게 책상을 사주는 것은 앞으로 거기에 앉아서 숙제하고 공부를 하라는 의도가 들어 있는데, 초등학교 저학년 때까지는 엄마나 아빠가 아이의 공부를 봐주는 게 좋다. 책상에 혼자 앉아서 숙제나 공부할 수도 있지만 무얼 어떻게 공부해야 하는지 잘 모르는 아이에게는 무리다. 또 모르는 것이 있을 때마다 엄마아빠를 부르거나 책을 들고 나와야 하는 번거로움이 있다.

그렇기 때문에 초등학교 고학년이 되기 전까지 또는 아이 혼자서 공부하는 습관이 어느 정도 잡힐 때까지는 식탁이나 거실 테이블에서 공부하도록 하는 것이 좋다. 아이가 공부를 할 때 엄마아빠가 옆에서 부족한 부분을 봐주기도 쉬울뿐더러 함께 공부하는 습관(꼭 공부가 아니어도 괜찮다. 아이가 책을 보거나 공부할 때 엄마아빠는 옆에서 신문을 보거나 잡지책을 봐도 좋다. 엄마아빠는 텔레비전 보는데 혼자 방에 들어가서 '눈 가리고 아옹' 하듯 마음에도 없는 공부를 하지 않게 분위기를 만들어줄 수 있으면 그걸로 충분하다)을 들일 수 있기 때문이다.

아이 성향에 맞는 학습 스타일을 찾아라

공부할 때 잡다한 것은 다 치우고 당장 공부하는 데 필요한 것만 책상에 있어야 하는 아이가 있는가 하면, 일명 '독서실 책상'처럼 삼면이 막혀 있어서 주의력을 분산시키는 요소를 최대한 줄이는 책상에서 공부하는 것이 효율적인 아이도 있다.

주변이 쥐 죽은 듯이 조용해야지만 주의집중이 잘 된다며 자기가 공부하는 시간에는 되도록 텔레비전도 보지 말 것을 요구하는 아이가 있는가 하면, 저렇게 해서 공부가 머릿속으로 들어가기는 하는 걸까 의심이 들 정도로 한 자리에 가만 있지 못하고 돌아다니는 아이도 있다. 또 책이나 그림만 보고도 금방금방 이해를 하는 아이가 있는가 하면, 뭐든지 직접 몸으로 해봐야지만 감을 잡는 아이도 있다.

누가 가르치거나 시키지 않았음에도 불구하고 아이들은 자라면서 저절로 이런 성향을 드러낸다. 타고난 것이라고 볼 수 있는 이런 아이의 성향은 억지로 바꾸려고 해도 바뀌지 않는다. 그러니 그 모습 그대로 인정하고 받아들이면서 아이 성향에 가장 잘 맞는 방법으로 공부를 할 수 있게 해주어야 한다.

효과적인 학습 스타일을 찾기 위해서 우선 아이의 평소 행동을 주의

깊게 관찰해두어야 한다. 친구들과 있을 때 조용히 따라가는 편인지, 앞에 나서서 리더를 하는 편인지, 주로 가만히 앉아 있는 걸 좋아하는지, 활발하게 움직이는 걸 좋아하는지 등 아이의 기본적인 성향을 잘 파악해두어야 한다.

자존심이 세거나 남들에게 지는 걸 싫어하는 아이에게는 게임식으로 진행되는 수업이나 승부욕을 자극할 수 있는 그룹 수업, 공부방 같은 곳이 좋다. 남들 앞에 나서기보다는 조용히 따라가는 편인 아이는 1:1 개인 과외나 소그룹 맞춤 수업이 효과적이다. 자기 주관이 있어서 남들이 뭐라고 하건 자기 할 일을 하는 아이에게는 단체 수업도 괜찮고 그룹 수업도 괜찮다. 주위 분위기에 영향을 받지 않고 자기 몫은 확실하게 챙길 수 있기 때문이다.

성격이 꼼꼼하고 매사 완벽한 것을 좋아하는 경우에는 많은 아이가 함께 공부하는 학원 스타일은 좋지 않다. 일부 잘하는 아이 위주로 진행되는 단체 수업을 따라가기 힘들어할 수 있기 때문이다. 낯을 가리는 등 내성적이거나 매사 소극적인 경우는 새로운 환경에 적응하려면 스트레스를 많이 받기 때문에 학원이나 선생님을 자주 바꾸지 않는 것이 좋다.

이런 식으로 평소 아이의 성격이나 취향 등을 잘 파악해두었다가 학습 스타일을 정할 때 참고하면 좋다. 아이에게 딱 맞는 학습 스타일로 공부하게 해주었을 때 보다 확실한 효과를 얻을 수 있다.

교과 진도와 학습 과제물을 챙겨라

여름방학 하기 전 그리고 봄 방학할 때 학교에서는 다음 학기에 배울 교과서를 미리 나누어준다. 왜 미리 나누어줄까? 교과 진도를 나갈 때 나누어주면 아이들이 무거운 가방을 들고 가느라 낑낑거리지 않아도 되는데 굳이 아이들에게 무거운 교과서를 미리 들고 가게 하는 수고로움을 끼치는 이유는 무엇일까?

개인적으로 학교에서 아이들에게 교과서를 미리 나눠주는 것은 방학 동안 예습 차원에서 교과서를 미리 살펴보라고 나누어준다고 생각한다. 다음 학기에 무엇을 배우는지 어떤 것을 배우게 되는지 보면서 시간이 많은 방학 때 관련 책을 찾아보거나 체험을 미리 해보라고 말이다. 하지만 아이도 엄마도 교과서가 행여 찢어질 새라 구겨질 새라 고이고이 모셔두기만 할 뿐이다.

그런데 강남 엄마들은 다르다. 무엇이 다른가 하면 강남 엄마들은 교과서를 잘 들고 다니지 않는 요즘 아이들 특성을 고려해서 가정용 교과서를 따로 구입한다. 다음 학기에 배우는 교과서뿐만 아니라 전 학년 교과서를 구비해놓는 경우도 많다. 강남 엄마가 아니더라도 소위 교육에 관심이 많다고 소문 난 엄마들은 교과서를 따로 구입할 뿐만 아니라 시시때때로 교과서를 살펴본다. 교육 과정이 어떻게 흘러가는지를 알기 위해서 그리고 그에 맞춰 아이에게 어떤 교육을 시킬 것인지 계획을 세우기 위해서 말이다.

방학에는 아이들과 함께 교과서를 한 장 한 장 넘기면서 아이 스스로 '아, 이런 걸 배우는구나'라는 생각을 하면서 다음 학기에 배울 내용들을 가볍게 예습을 하게 한다. 그러면서 '이런 것에 대해 배우니 여길 갔다 오면 좋겠다'라는 생각으로 관련 장소를 데리고 가 직접 체험할 수 있게 해준다. 뿐만 아니라 연관 도서를 찾아 읽히고, 같이 이야기를 나눈다.

학기 중에도 아이 교과서를 살펴보면서 요즘 어떤 것을 배우는지 수시로 확인한다. 그래서 아이가 배우기는 배웠으나 잘 이해하지 못하는 부분이나 어렵게 느끼는 부분 등을 다시 한 번 짚어준다. 과학 같은 과목은 여건상 학교에서 아이들이 모든 직접 실험을 해보지 못하고 이론적으로만 배우는 경우가 많은데, 이런 부분들을 놓치지 않고 직접 실험하게 하는 등 부족한 부분을 확실하게 다지게 한다. 학습 과제물을 꼼꼼하게 챙기면서 복습을 할 수 있도록 도와주는 것이다.

교과 진도를 챙기면서 복습만 시키는 것이 아니다. 1~2주 전에 아이에게 필요한 학습 관련 자료들을 다시 한 번 챙겨주며 예습을 하게 한다. 예습이라고 하면 흔히들 선행학습을 생각하는데 그것이 아니다. 교과서를 읽으면서 모르는 단어는 없는지 어떤 부분이 이해가 잘 안 되는지를 살펴보는 정도의 예습을 하게 하는 것이다. 교과 연계 도서를 미리 읽게 하여 원작과 교과서 수록 작품이 어떻게 다른지 찾아보게 하는 등 학습에 대한 흥미와 호기심을 유발하도록 예습을 시키는 것이다.

강남 엄마들처럼 이렇게 교과서를 중심으로 방학 때는 다음 학기의 과정을 예습하게 하고, 학기 중에는 교과 진도와 학습 과제물을 꼼꼼히 챙기면서 자연스럽게 아이에게 복습을 시켜야 한다. 그러면 학업 성적이 자연스럽게 올라가게 되고, 아이 스스로도 자신감이 생겨서 학교생활이 훨씬 더 재미있게 느껴질 것이다.

약간의 자유 시간을 허락하라

옛날 옛날 두메산골에 나무꾼이 한 명 살고 있었다. 어느 날 아버지는 아들을 데리고 나무를 하러 갔다. 나무를 내다 팔아 하루하루를 먹고사는 것을 잘 알기에 젊은 아들은 쉬지 않고 나무를 했지만, 아버지는 나무를 하는 중간중간 한참씩 쉬곤 했다.

어느덧 해가 뉘엿뉘엿 서산을 넘어갈 무렵 아들과 아버지는 하던 일을 멈추고 산을 내려갈 준비를 하였다. 그때 아들은 하루 종일 잠시도 쉬지 않고 나무를 한 자신보다 중간중간 쉬면서 일을 했던 아버지가 자기보다 더 많은 나무를 했음을 보고 이상하다 생각하여 물었다.

"아버지, 저는 아버지보다 더 열심히 일했습니다. 쉬지 않고 일을 했으니 아버지보다 제가 나무를 더 많이 하는 것이 마땅하다고 생각합니다. 그런데 지금 보니 저보다 아버지가 더 많은 나무를 하였습니다. 어떻게 된 일입니까?"

아들의 물음에 아버지는 무엇이라고 대답하였을까? 평생 동안 나무꾼으로 살아온 아버지가 쉬엄쉬엄 일을 해도 젊고 힘센, 그러면서 쉬지 않고 일한 부지런한 아들보다 일을 더 많이 할 수 있었던 비결은 무엇일까?

"아들아, 일 잘하는 비결은 너처럼 쉬지 않고 일하는 것이 결코 아니란다. 쉬지 않고 도끼질을 하면 처음에는 남들보다 더 많이 더 빨리 할 수 있을지는 모르겠다만 그것이 끝까지 계속 되기는 힘이 든단다. 나는 네가 일하는 동안 중간중간 쉬었지만 쉬기만 한 것은 절대 아니란다. 쉬는 동안 무디어진 도끼날을 갈아서 다시 나무를 할 때 더 쉽고 잘할 수 있도록 한 것이란다."

아버지가 하는 말을 듣고 아들은 자신의 도끼와 아버지의 도끼를 비교해보았다. 아버지의 도끼는 지금 당장이라도 나무를 할 수 있을 정도로 날이 잘 서 있었지만 자신의 도끼는 너무 무뎌져서 도저히 쓸 수 없을 정도였다.

이 이야기에서 우리가 알아야 할 핵심은 쉬지 않고 일하는 것보다 중간중간 휴식을 취해야 한다는 것이다. 그리고 그 휴식 시간 동안 마냥 즐기고 노는 것이 아니라 다음을 위한 준비를 해야 일의 효율성을 높일 수 있다는 사실이다. 휴식은 반드시 필요한 것이다. 일한 뒤 맛보는 휴식은 그 무엇과도 바꿀 수 없을 만큼 달콤하고 소중한데, 우리는 종종 그 사실을 잊어버리고 만다. 그래서 주구장창 달리기만 하려고 한다.

아이들도 마찬가지여서 하루 일과 중 일정 시간은 반드시 자유 시간을 주어야 한다. 위험하지 않는 범위 내에서 아이에게 자유 시간을 주고, 무엇을 하든 간섭하지 말아야 한다. 그래서 아이가 그 시간을 통해 하루 동안 쌓인 피로와 스트레스를 풀면서 내일을 위한 준비를 할 수 있도록 해주어야 한다.

일하는 부모 입장에서는 텅 빈 집에 아이 혼자 두는 것이 불안하고 많이 걱정되기도 하겠지만, 소위 말하는 '학원 뺑뺑이'만 시키지 말고 조금 일찍 집에 들어가게 하여 혼자 즐길 수 있는 시간을 따로 마련해주는 것이 좋다. 아침에 학교에 가는 것부터 시작해서 수업이 끝난 뒤에도 쉬지도 못하고 이 학원 저 학원 다니다 보면 체력적으로 문제가 생길 수 있다. 뿐만 아니라 계속해서 여기저기 돌아다니다 보면 정서적으로도 안정을 취할 수 없다. 학습 면에서는 도움을 받겠지만, 자칫 잘못하면 가방만 들고 왔다갔다 하는 꼴이 될 수 있어 오히려 안 하는 것만 못하게 될 수도 있다.

어린 아이가 무얼 알겠냐는 식으로 무시하는 태도는 버리고, 학원을 갔다 온 이후 또는 할 일을 다 한 다음에는 아이 마음대로 할 수 있는 시간을 가질 수 있도록 허락해주는 것이 좋다. 그 시간을 언제쯤으로 할 것인지, 어느 범위까지 허용해줄 것인지에 대해서도 사전에 협의를 해서 아이의 의견을 최대한 반영시켜야 한다.

간단한 간식거리를 미리 준비해둬라

잘 먹어서 좋기는 하지만 가끔씩 아이들의 왕성한 식욕 때문에 곤혹스러울 때가 있다. 어쩌다 일이 없어서 오랜만에 집에서 쉬는 날이면 하루 종일 아이들 먹을거리 만들다가 편안하게 쉴 수도 없다. 그럴 때마다 '차라리 밖에 나가 일하는 게 낫지. 이게 뭐 하는 건지 원……'이라는 생각이 들 때도 있다. 그도 그럴 것이 아침상 치우고 나면 점심 준비해야 하고, 점심 먹은 그릇들 설거지 끝내고 겨우 쉬려고 하면 아이들은 또다시 칭얼거리기 때문이다. 배고프다고 간식 달라고 하는데 모르는 체할 수 없어 냉장고에서 이것저것 꺼내 만들어서 먹이고 뒤돌아서면 또 저녁상 차려야 해서 어느 땐 너무 힘이 들어 나중에는 신경질이 날 때도 있다.

그래도 어쩌겠는가? 한참 크는 아이들이라 뒤돌아서면 배고픈걸, 힘이 들어도 열심히 먹일 수밖에. 안 먹어서 속상한 것보다는 잘 먹어서 힘든 게 훨씬 나은 일이니까, 건강하게 잘 자라주는 것만 해도 감사하게 생각하며 기꺼이 해주려고 노력한다. 말처럼 쉬운 일은 절대로 아니지만 말이다.

성장기 아이들의 소화력은 얼마나 대단한지 먹고 돌아서면 금방 배고프다고 한다. 옛날 어르신들은 그래서 한창 크는 아이들에게 '뱃속에 거지가 들어 앉아 있나 보다'고 우스갯소리를 하시곤 하셨다. 집에서 엄마가 챙겨주는 날에도 이런데 평일에는 더 배가 고플 것이다. 그러니 아이가 먹든 안 먹든 항상 간단하게 먹을 수 있는 간식거리들을 미리미리 조금씩 준비해두는 것이 좋다. 아이가 배고프면 언제든지 찾아 먹으면 되도록 준비해두어도 좋고, 간단한 것들은 아이가 만들어 먹을 수 있게 재료를 준비해둔 다음 요리 방법을 알려주어도 좋다.

하지만 이때 아이가 배고픈 것을 면할 정도로만 간식을 먹도록 해야지 식사를 못할 정도로 많이 먹게 해서는 안 된다. 아무리 간단한 요리라도 집안에 어른이 없으면 칼이나 불을 사용하는 것은 절대로 못하게 해야 한다. 칼이나 불을 다룰 수 있을 만큼 컸다 하더라도 사고는 예기치 않을 때 일어나기 쉬운 법이고, 아이가 평상시 응급대처법을 잘 알고 있다고 하더라도 막상 그런 상황이 되면 당황해서 적절한 대처를 하기 어렵다. 위험한 일은 처음부터 시작도 하지 않게 해서 아이가 절대로 사고 위험에 노출되지 않도록 해야 한다.

간식거리는 가능한 한 엄마가 직접 만들어주거나 신선한 과일을 준비해두는 것이 좋다. 아이들 간식거리로는 비타민이나 무기질 등을 보충할 수 있는 것으로, 깔끔하면서도 간단하게 먹을 수 있는 것이 좋다. 되도록 아이의 건강을 생각해서 인스턴트 음식보다는 슬로우 푸드를, 빵보다는 떡 종류를 준비하는 것이 좋다. 혹 빵을 준비하더라도 우리 밀을 사용하여 자연발효 방식으로 만든 것이 소화도 잘 되고 건강도 더 이롭다. 물론 간식을 준비해둘 때 그 옆에 간단한 메시지를 적은 쪽지 등을 함께 남겨서 엄마아빠의 사랑을 느낄 수 있도록 하면 아이의 허전한 마음을 채우는 데 도움이 될 수 있다.

간혹 시간이 없고 번거롭다는 이유로 엄마아빠가 아이에게 간식거리 대신·돈을 주는 경우도 있는데, 이것은 절대로 하지 말아야 한다. 간식 사먹으라고 용돈을 주면 아이들은 대부분 제대로 된 간식거리를 사먹는 것이 아니라 학교 앞 문구점 같은 곳에서 파는 불량식품을 사먹는 경우가 많기 때문이다. 자주는 아니지만 이렇게 주는 용돈으로 친구에게 선심 쓰듯 과자나 장난감을 사주면서 친구들을 자기 마음대로 하려고 하는 바람에 문제가 되는 경우도 종종 있기 때문에 더더욱 조심해야 한다.

알람과 스케줄러를 활용하게 하라

가끔 책을 읽느라고 때로는 음악을 듣거나 친구와 수다를 떠느라고 내려야 할 버스 정류장을 지나친 경험이 있을 것이다. 무엇인가에 푹 빠져서 시간 가는 줄 모르기 때문에 일어나는 현상인데, 이런 일은 어른들에게만 일어나는 것이 아니다. 아이들도 컴퓨터 게임이나 친구들과의 축구 시합 때문에 또는 인형놀이나 수다를 떠느라 해야 할 일을 못하게 된다거나 학원에 가야 하는 시간을 놓치거나 해질녘까지 집에 돌아오지 않는 경우가 종종 있다.

어른들도 가끔 하는 이런 실수를 아이가 했다고 해서 무조건 혼을 낼 수는 없다. 그렇다고 학원까지 빼먹고 노는 것을 모르는 척 그냥 지나갈 순 없는 노릇이다. 어쩌다 한 번은 그럴 수 있다 여겨서 눈감아줄 수 있지만 자칫 잘못하면 해야 할 일들을 자꾸만 미루거나 의도적으로 하지 않게 되는 불상사가 생길 수 있다.

아이가 친구들과 놀다가 또는 다른 일을 하다가 해야 할 일을 하지 못하는 경우가 생기면 그런 일이 다시 일어나지 않도록 적절한 조치를 취하도록 하는 것이 현명하다. 그러기 위해서 먼저 아이와 마주 앉아 차분히 이야기를 나누는 시간을 가져야 한다. 이런 일이 반복이 될 경우 어떤 문제점이 발생할지 아이에게 물어보되, 아이가 하는 말을 있는 인정하고 받아들여야 한다.

이때 아이가 미처 생각하지 못한 부분이 있다면 그것들은 약간의 힌트를 주어 아이 스스로 생각할 수 있게 해주면 더 좋다. 만약 그래도 모를 경우에는 엄마아빠가 조심스럽게 "엄마아빠 생각에는 이런이런 문제들도 생길 수 있을 것 같은데, 넌 어떻게 생각해?"라고 물어보면서 충분히 생각할 기회를 마련해주어야 한다. 그런 다음 이런 문제점들이 발생하지 않도록 하려면 어떻게 하는 것이 좋을지 물어보면서 아이 스스로가 대책을 세우도록 해주는 것이 좋다.

이렇게 하면 언성을 높여가며 아이를 혼내지 않아도 된다. 아이 스스로가 이런 과정을 거치면서 자신의 잘못이 무엇인지를 깨닫게 되는 동시에 앞으로 어떻게 행동해야 할지를 저절로 알게 된다. 어른들이 시켜서 마지못해 행동을 고치는 것이 아니라 스스로 깨달아 자신의 필요에 따라 자신을 바꾸는 것이기 때문에 거부감이나 반항심이 생기지 않는다. 그리고 혼나지 않으려고 하는 행동이 아니라 스스로 깨달아서 행동을 수정하는 것이기 때문에 실천 효과도 훨씬 크다.

해야 할 일을 자꾸 미루거나 잊어버릴 경우에는 그날그날 할 일을 순서대로 적어 보게 하며 자신의 스케줄을 기억하게 하는 것이 좋다. 그런 다음 아이가 스케줄에 따라 알람을 설정해두면 적어도 친구와 놀다가 할 일을 깜빡 잊어버리는 일은 확실하게 줄어들게 된다. 요즘 아이들은 대부분이 휴대전화를 가지고 다니기 때문에 휴대전화의 알람 기능을 적극적으로 활용하는 것도 좋다.

알람시간을 정할 때에는 너무 정확하게 시간을 맞추기보다는 10분 정도 여유 있게 맞추는 것이 좋다. 미리 알람이 울리면 하고 있던 활동들을 마무리하고 다음 활동을 준비할 시간을 가질 수 있기 때문이다. 이때 아이에 따라서 10분이라는 시간을 꽤 긴 시간이 생각해서 지나치게 여유를 부릴 수 있으니 그럴 경우에는 5분 후 다시 알람이 울리도록 한다. 또 매일 또는 매주 반복적으로 하는 활동들이지만 신경 써서 기억하지 않으면 깜빡 잊어버리거나 헷갈릴 수도 있으니 휴대전화의 스케줄러 앱 기능을 적극적으로 활용할 수 있게 하는 것도 좋은 방법이다.

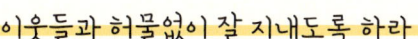

이웃들과 허물없이 잘 지내도록 하라

둘째 아이는 남자 아이여서 그런지 아니면 호기심이 많고 성격이 활발해서 자라는 내내 어른들 가슴을 쓸어내릴 만한 일들을 많이 만들었다. 농담 삼아 "엄마 심심할까봐 한 번씩 깜짝 쇼 해주는 거니?" 하면서 웃고 넘기지만 녀석이 사고를 칠 때마다 어찌나 놀라게 되는지 간이 철렁 떨어지는 것 같을 때가 한두 번이 아니다.

둘째 아이가 6살 되던 해 어느 봄날, 오후 강의를 마치고 집으로 돌아오는 길에 전화 한 통을 받았다. 큰아이 친구 엄마의 전화였는데, 둘째가 다쳐서 병원에 데리고 가고 있으니 가능한 빨리 오라고 하였다. 상황이 얼마나 다급했는지 어디를 얼마나 다쳤는지 이야기할 새도 없이 전화는 끊겼고, 버스에서 내리자마자 발이 보이지 않을 정도로 열심히 뛰었다.

병원에 도착해보니 둘째 녀석은 왼쪽 이마 부분이 찢어져서 응급처치후 십여 바늘을 꿰매고 있었다. 치료를 마치고 나오는 녀석은 얼마나 피를 흘렸는지 얼굴은 물론 웃옷이며 바지까지 피범벅이 되어 있었다. 그걸 옆에서 지켜본 큰아이 또한 무섭고 겁이 났는지 눈물자국 때문에 얼굴이 말이 아니었다. 상황이 어느 정도 정리가 되고 나니 그 엄마가 어찌나 고마운지 손을 붙잡고 눈물을 줄줄 흘리며 연신 고맙다고 인사를 했다.

옛날 어르신들이 '멀리 사는 친척보다 가까이 사는 이웃사촌이 낫다'라는 말씀을 하곤 하시는데, 그때 절실하게 깨달았다. 그리고 평소 흉허물

없이 지내면서 맛있는 거 있을 때마다 나눠 먹고, 좋은 일이 있을 때마다 함께하는 그분처럼 좋은 이웃사촌을 사귀어두길 참 다행이란 생각이 들었다. 일가친척 하나 없는 객지에서 그런 이웃마저 없었더라면 어떻게 되었을까 상상만 해도 너무 끔찍한 일이었다.

살다 보면 생각지도 않은 일들이 벌어져 깜짝깜짝 놀라곤 한다. 특히 아이 키울 때는 이런 일이 자주 일어난다. 생각지도 않은 때에 위급한 상황이 벌컥벌컥 벌어질 때마다 '나 몰라라' 하지 않고 내 일처럼 신경 써서 챙겨주는 사람이 있다면 많은 힘이 될 것이다. 특히 그런 사람이 내 주변 가까운 곳에 살고 있다는 것은 크나큰 축복이다. 응급상황에서 이렇게 시기적절한 조치를 취해줌으로써 큰 도움을 받을 수도 있지만, 존재 자체만으로도 많은 위로를 받을 수도 있다.

하지만 이런 축복에 가까운 일들은 그저 일어나지 않는다. 좋은 이웃을 두기 위해서는, 이렇게 내 일처럼 발 벗고 나서주는 이웃과 함께 살려면 평소 투자를 많이 해야 한다. 내 쪽에서 한 번이라도 먼저 웃는 얼굴로 인사를 하는 것부터 시작해서 내가 상대방을 먼저 챙겨주고 배려해주어야 한다. 그것도 돌려받을 것을 생각하지 않고 진심으로 대해야 한다. 상대방이 청하지 않더라도 내가 먼저 나서서 도움될 만한 일들을 조용히 해줄 수 있어야 한다. 그러면 상대방도 미안하고 고마운 마음에서라도 어렵고 힘든 일이 생겼을 때 내 일처럼 나서서 도와줄 것이다.

그러니 평소 이웃들과 사이좋게 지내는 것은 물론 약간 손해 본다 싶을 정도로 베풀면서 지내도록 노력하는 것이 좋다. 급한 일이 생겼을 때 이웃으로부터 생각지도 않은 도움을 받을 수도 있지만, 아이들 또한 이런 엄마아빠의 모습을 보면서 자연스럽게 곱고 바른 인성을 가진 사회성 좋은 아이로 자라게 될 것이기 때문이다.

정서적 안정감을 주어라

요즘은 아이나 어른이나 모두 휴대전화를 가지고 있기 때문에 수시로 연락을 할 수 있다. 그래서 가족끼리 회식 때문에 집에 늦게 들어간다거나 학원 끝나고 바로 친구 집으로 간다는 등의 연락을 전화 통화나 문자 메시지로 해결하는 경우가 많다. 가족끼리의 의사소통을 이렇게 하는 것도 나쁘지는 않지만 휴대전화로 통화를 하거나 문자를 주고받으면서 속마음을 미주알고주알 이야기하기가 힘들 때가 많다.

그래서 가끔씩은 전통적인 방법을 사용하는 것이 더 좋을 때도 있다. 아이 필통에 쪽지를 넣어둔다든가 식탁이나 화장대 등에 편지 한 통을 올려놓는 식으로 서로의 마음과 생각을 나누는 것이 문자 메시지나 전화

154

통화보다 정서적인 안정감과 가족 간의 따뜻한 정을 더 진하게 느낄 수
있다.

집안 한쪽 벽면에 커다란 화이트보드 판이나 칠판 또는 메모판을 마련
해두고 언제든지 하고 싶은 이야기를 쓰게 해도 좋다. 시간적 여유가 있
을 때 아이와 함께 마음껏 그림을 그려도 좋고, 색깔 펜으로 사랑하다든
가 좋아한다든가 하는 말을 하트 그림과 함께 크고 진하게 써서 마음을
전해도 좋다. 특히 싸우거나 화가 나서 서로의 얼굴을 마주 하고 이야기
나누기 힘들 때 용서나 양해를 구하는 말들을 써놓으면 은근슬쩍 화해의
손을 내밀 수 있어서 좋다. 또는 고맙거나 미안한 일이 있을 때처럼 말로
전해도 되지만 진심을 담은 글로 마음을 표현하면 가족 간의 사랑이 더
욱 돈독해질 수 있다.

가족들이 메모판에 각자의 일정을 적어놓으면 걱정하며 기다리지 않
아도 되어서 좋다. 아이가 늦은 시간까지 들어오지 않으면 엄마 마음에
걱정이 한 가득이지만, 어디에서 누구와 무엇을 하고 있는지 알면 불안
한 마음은 크게 줄어든다. 아이들도 엄마아빠가 언제 어디로 출장을 가
서 언제쯤 집으로 돌아올 것인지, 지금 이 시간에는 누구와 어디에서 어
떤 일을 하고 있는지 등을 알면 외로움이나 무서움의 정도가 훨씬 줄어
들게 된다.

아이와 부모 사이만 그런 것이 아니다. 아내와 남편도 별반 다르지 않
아 남편(혹은 아내)이 언제 무슨 일 때문에 늦는지를 미리 알고 있으면 배

가 고픈데도 불구하고 늦게 들어오는 아내(혹은 남편)를 기다리면서 짜증을 내지 않게 될 수 있다. 뿐만 아니라 그날은 집에서 기다리고 있을 아이를 생각해서 되도록 일처리를 빨리 끝내고 서둘러 퇴근을 한다든가 아이와 재미있는 공연을 보거나 외식을 하는 등 다른 계획을 잡을 수 있다. 늦는다는 사실을 미리 알고 있으면 서로가 서로의 사정을 잘 알고 있기 때문에 자연스럽게 서로를 배려하게 되므로 부부싸움이 저절로 줄어들게 된다.

가족끼리 서로의 일정을 말로 또 문자를 주고받으면서 알려줄 수도 있지만 이렇게 메모판에 각자의 일주일 또는 한 달 일정을 미리미리 적어 놓음으로써 상대방으로부터 양해를 구하는 것이 좋다. 또 바쁜 일상을 보내다 보면 가끔 챙겨야 할 일들이나 신경 써야 할, 집안 행사 등을 깜빡 하고 잊어버려 곤란한 경우가 종종 발생한다. 그럴 때 메모판에 미리 기록을 해두면 매일 아침저녁으로 보면서 챙길 수 있고, 미리미리 일정을 조정할 수 있어 좋다.

자주 연락하라

아이들은 엄마아빠와 함께 지내는 것만으로도 온 세상을 다 가진 것 같은 만족감을 얻는다. 하지만 일을 하기 때문에 다른 엄마들처럼 낮 시간 동안 아이와 함께 지내면서 이것저것 챙겨주지도 못한다. 그러니 엄마아빠가 일하는 동안 조금이라도 더 신경 써주어야 한다.

　엄마아빠의 빈자리를 느끼는 아이들을 위해 할 수 있는 최선책은 아이와 자주 연락을 주고받는 것이다. 아이들은 전화통화를 하면서 엄마아빠의 목소리를 듣는 것만으로도 막연한 불안감을 해소할 수 있다. 화상통화를 통해 서로의 얼굴을 잠깐이라도 보면 애착관계를 조금 더 돈독하게 할 수 있다.

　통화하기 곤란할 때에는 문자를 주고받는 것도 괜찮다. 엄마아빠와 떨어져 있지만 사랑한다는 문자를 보면서 아이는 자신이 사랑 받고 있음을 느낄 수 있다. 엄마아빠가 다른 공간에 있지만 여전히 자신을 신경 쓰고 있으며 챙기려고 노력하고 있음을 알게 된다.

　가능하다면 아이와 최소한 하루 2~3회 이상 연락을 하는 것이 좋다. 통화나 문자 등은 생각날 때마다 하는 것도 좋지만 일단 회사 업무를 시작하게 되면 따로 시간을 내어 전화를 한다는 것은 어렵다. 그런 까닭으로 시간을 정해놓고 정기적으로 하는 것이 훨씬 더 효과적이다. 회사에 막 출근했을 때와 점심 시간, 퇴근 시간 등이 그나마 다른 사람들 눈치보지 않고 연락하기에 편한 시간이다. 하지만 이 시간에 아이가 학교에 있거나 학원 수업 중일 경우도 많으니 아이의 일과표를 잘 살펴보고 통화가 가능한 적절한 시간대를 알아두는 것이 좋다. 그래야 서로에게 피해를 주지 않으면서도 통화를 자유롭게 할 수 있다.

　통화할 때에는 가능한 한 아이에게 "학원은 잘 갔다 왔고? 숙제는 다

했니?" 식의 무엇인가를 확인하려고 하지 않는 것이 좋다. 아이 입장에서는 엄마아빠가 자신을 사랑하고 챙겨주려고 한다는 느낌보다는 떨어져 있어도 감시당하고 관리 당한다는 느낌을 받을 수 있기 때문이다. "나갔다 와서는 꼭 손발 씻은 다음 간식 먹어라", "엄마 퇴근하기 전까지 문제집 다 풀어둬. 있다가 검사할 거야" 같은 지시는 하지 않도록 한다. 아이는 전화 통화를 할 때마저 잔소리를 들어야 하기 때문이다.

자꾸 확인하고 싶고 꼬치꼬치 캐묻고 싶겠지만 그냥 두 눈 꼭 감고 "엄마가 우리 아들(딸) 재미있게 지냈으면 좋겠다고 빌었는데 오늘도 학교 잘 갔다 왔네. 다행이다", "아침에 보고 나왔는데도 또 보고 싶네. 엄마가 널 너무 사랑하나 봐. 아무래도 엄만 딸(아들) 바보인가 봐"라는 식으로 마음을 전하도록 한다.

적극적인 스킨십을 하라

아이가 건강하게 잘 자라길 원한다면, 공부를 잘하기를 바란다면 우선은 아이와의 애착관계를 깊이 맺도록 노력해야 한다. 아이의 정서가 안정되어 있지 않으면 아무리 좋은 것을 주어도 아이가 그걸 받아들이지 못한다. 아이에게 최고로 좋은 선생님에 최고로 좋은 교재를 활용하여 최고의 프로그램을 공부하게 하여도 모든 게 허사로 돌아가기 십상이다. 부모와 아이가 돈독한 애착관계가 형성되어 있지 않으면 모든 일이 '밑

빠진 독에 물 붓기'가 된다.

그렇다면 아이의 정서적 안정감을 도모하기 위해선 어떻게 해야 할까? 아이와 심리적으로 깊은 애착관계를 형성하기 위해서는 여러 가지 방법들이 있다. 하지만 하루 중 많은 시간을 아이와 떨어져 지내야 하는 일하는 엄마가 실천하기에 가장 쉬우면서도 효과적인 방법은 아이와 최소 하루 한 번 이상 스킨십을 하는 것이다.

스킨십은 간단하지만 정서적인 안정감을 줄 뿐만 아니라 지능 발달에도 도움이 되며 부모와의 끈끈한 애착관계를 유지하게 하는 등 수많은 긍정적인 효과를 가져다준다. 특히 사랑하는 엄마가 아이를 안아주면 기분이 좋아지게 해주는 동시에 낮 동안 엄마의 빈자리 때문에 외로웠던 마음을 달래주어 즐거움과 기쁜 마음을 갖게 해주는 효과가 있다. 또 새로운 상황이나 어려움에 처했을 때 두려움을 이겨낼 수 있는 용기를 주며, 자신을 사랑 받고 있는 존재로 인식하게 됨으로써 자부심을 갖게 한다. 덩달아 자아 효능감과 자존감이 저절로 향상되며, 자신이 사랑 받는 것처럼 다른 사람도 사랑할 수 있는 마음을 갖게 한다. 그러니 퇴근 후 현관문을 열고 들어서면서 가장 먼저 아이 이름을 크게 불러서, 따뜻하게 안아주도록 하자. 이왕이면 웃는 얼굴로 밝고 경쾌한 목소리!

잠자리를 편안하게 만들어라

하루 일과를 마무리하고 잠자리에 들 때에는 편안한 마음 상태여야 숙면을 취할 수 있다. 잠자리에 드는 순간까지 마음이 불안하고 두려움이나 걱정거리를 안고 있으면 편하게 잘 수가 없다. 자는 동안 악몽에 시달리게 되거나 자고 일어나도 개운하지 않아 제대로 휴식을 취하지 못한 상태가 된다. 그러니 아이가 잠자기 전에는 반드시 몸과 마음이 모두 편안한 상태가 되도록 엄마아빠가 도와주어야 한다.

잠자리는 일단 적당한 온도와 습도를 유지하도록 한다. 빛이 있으면 눈 건강에도 좋지 않을뿐더러 깊은 잠에 드는 것을 방해하므로 암막커튼 등을 이용하여 가능한 한 어두운 상태를 유지하는 것이 좋다. 피로를 풀어주는 음악을 들려주는 것도 괜찮지만 귀에 거슬리는 소음이 없도록 조용한 상태를 유지시켜 주는 게 좋다.

잠자리에 드는 시간은 일정하게 정해놓고 하나의 의식을 치르듯 따르게 하는 것이 좋으며, 잠자리에 들 때에는 아이와 도란도란 이야기를 나누는 것도 좋다. 아이가 잠들 때까지 옆에 누워서 이야기를 나누며 머리를 쓰다듬어주거나 이불을 덮어주다 보면 자연스럽게 아이가 엄마아빠와 스킨십을 하는 효과를 얻을 수 있다. 아이는 이런 스킨십을 통하여 엄마아빠를 독차지했다는 만족감을 누릴 수 있으며, 떨어져 있었던 시간 동안 가졌던 허전함과 욕구 불만을 해소할 수 있다.

잠자리에 누워서는 아이가 잠들기 전까지 낮에 있었던 일에 대해 서로 이야기를 나누는 시간을 가지면 더 좋다. 엄마아빠가 먼저 낮에 있었던 일에 대해 이야기를 들려주면서 아이가 엄마아빠의 생활을 상상해볼 수 있도록 하는 것도 좋은 방법이다. 그런 다음 아이도 자신에게 있었던 일들을 자연스럽게 이야기를 하도록 유도하여 아이의 생활이 어떠한지 알아보는 시간으로 활용할 수 있다.

아이의 이야기를 듣는 동안 엄마아빠는 아이에게 화 나는 일이나 속상했던 점 등에 대해 귀 기울여주고, 아이의 감정을 읽어주고 위로해주며 속상했던 마음, 화가 났던 감정 등이 가슴 속에 응어리지지 않도록 풀어주어야 한다. 그래야 아이가 정서적인 안정감을 얻어 숙면을 취할 수 있다. 동시에 아이가 엄마아빠와의 애착 형성도 확실히 할 수 있고, 아이의 고민거리나 문제점 등을 바로바로 알아차릴 수도 있다.

잠자리에 들 때 책을 읽어주어도 좋다. 비록 아이 혼자서 글자를 읽고 이해할 수 있는 나이라고 해도 아이들은 직접 책을 읽는 것보다 다른 사람이 이야기를 들려주는 것을 더 좋아한다. 책을 직접 읽으면 글자를 읽느라 그림을 충분히 감상하지 못할 수도 있고, 글이 갖고 있는 의미를 생각하느라 이야기가 가지고 있는 매력을 제대로 즐기지 못할 수도 있다. 글자를 읽고 의미를 파악하느라 바빠서 머릿속으로 장면장면들을 상상할 시간을 가질 수 없다. 이야기를 읽어주면서 아이에게 스토리텔링의 묘미에 푹 빠져들 수 있는 시간을 주는 동시에, 상상력과 창의력을 발달시킬 수 있도록 해주는 것이 좋다.

책 읽어주기는 아이가 원할 때까지 계속해서 해주는 것이 좋다. 다만 잠자리에서 읽어주는 책을 고를 때는 신중을 기해야 한다. 이야기를 들으면서 편안한 상태로 잠이 들어야 하는데 모험을 떠나는 이야기, 무서운 인물이 등장하는 이야기, 슬픈 이야기의 경우 아이가 숙면을 취하는 것을 방해한다. 아이에게 호기심을 불러일으켜 흥분 상태로 이끌기 때문이다.

엄마아빠가 일하는 장소를 보여주라

공동주택에 살면서 종종 이야깃거리가 되는 것이 바로 층간 소음이다. 층간 소음은 서로가 서로를 조금씩 이해하고 배려하면 되는데, 그렇질 못해서 아래윗집 사는 사람들끼리 크고 작은 싸움을 하는 경우가 꽤 빈번하게 일어나고 있다.

그런데 한 가지 이상한 점은 이 층간 소음이 상대방 집에 누가 사는지 아는 경우와 전혀 모르는 경우 스트레스 정도가 다르다는 것이다. 윗집에 누가 사는지 모르는 경우 쿵쿵거리는 소리가 들리면 대부분의 사람들은 신경질을 내며 당장 쫓아올라간다. 하지만 평소 인사를 나누며 자주 왕래하는 사람이 쿵쾅거리면 '무슨 일이 있나 보다' 하고 이해하며 참아보려고 노력한다는 것이다. 이를 통해 우리가 알 수 있는 사실은 상대방에 대해 자기가 알고 있는 것이 조금이라도 있는 경우와 전혀 모르는 경

우, 또 아주 잘 알고 지내면서 친하게 지내는 경우 서로를 이해하는 정도
도 다르고, 배려하는 범위도 달라진다는 것이다.

　이런 현상은 우리 아이들에게서도 쉽게 찾아볼 수 있다. 맞벌이 부부
를 부모로 둔 아이들의 경우 엄마아빠가 일 때문에 날마다 출근을 하고,
그로 인해 혼자 있는 시간이 많다는 것을 잘 알고 있다. 알고는 있지만
엄마아빠가 어디에서 어떤 일을 하는지 모르기 때문에 혼자 보내야 하는
시간이 많은 것, 스스로 해결해야 할 일이 많다는 것을 완전히 받아들이
지 못하는 경우가 많다. 엄마아빠의 일에 대해 잘 모르고 있기 때문에 머
리로는 이해하지만 가슴으로 진짜 이해를 하지 못한 것이다.

　이때에는 가능한 한 집에서부터 일터까지 어떻게 출퇴근하는지 전 과
정을 아이가 직접 겪어보게 하는 것이 좋다. 엄마아빠가 어떤 교통수단
을 이용하여 어떤 곳들을 지나치며 출근을 하는지 엄마아빠의 발자취를
그대로 따라가 보게 하는 것이다. 어떤 회사에 다니고 있으며 그곳에서
주로 어떤 업무를 하는지, 같이 일하는 사람들은 어떤 사람이며, 그들과
어떤 식으로 업무를 진행하는지 등 아이가 부모님의 하루 일과를 직간접
적으로 체험할 수 있게 하는 것이 좋다. 그래야지만 아이가 부모님의 생
활이나 행동들을 잘 이해할 수 있게 되고, 평소 얼마만큼 힘들고 고되게
일을 하는지 알 수 있게 된다. 부모님이 자신과 가족들을 위해 얼마나 열
심히 일하는지를 알 수 있게 되고, 그것을 통해 부모님을 조금이라도 자
랑스럽게 여기게 되는 동시에 고마움을 깨달을 수 있다. 경우에 따라서

는 아이가 이런 기회를 통해 부모님을 자신의 롤 모델로 삼거나 존경하는 마음을 갖게 되기도 한다.

몇 해 전부터는 교육 당국이 아이들의 진로 및 직업 교육의 중요성을 강조하면서 대부분의 학교가 직업 체험활동 프로그램을 마련하고 있는 실정이다. 교육청이 지정한 진로교육 중점 학교로 지정되어 있는 몇몇 학교에서는 지역 교육청 및 지자체와 연계해 학생들이 체험학습을 할 수 있는 사업장을 따로 마련하고 있다. 그러므로 이것을 핑계로 삼아 아이에게 진로 체험 및 직업 선택, 소질 개발과 적성 찾기 등의 기회를 마련해도 좋다.

약속으로 신뢰감을 쌓아라

어린 아이에게 부모는 거의 신적인 존재이다. 모르는 것이 없어서 무엇이든 물으면 바로바로 대답을 해주고, 못하는 일이 없어서 무엇이든 말만 하면 척척 해내는 그런 존재로 생각하고 있다. 그러니 아이는 부모란 존재를 전지전능한 신처럼 여길 수밖에 없다. 전지전능한 신적인 존재인 부모에 대한 아이들의 신뢰는 맹목적이기까지하다. 맹목적인 신뢰이기는 하지만 한 번 깨지고 나면 원래 상태대로 돌리기는 매우 힘들다. 깨진 조각들을 붙인다고 해서 처음 그대로의 그릇 상태가 되기 힘든 것처럼 부모에 대한 아이들의 믿음도 마찬가지다. 한 번 금이 가면 돌이키기는 불가능에 가깝다.

그런데도 어른들은 아이들과의 약속을 별 거 아니라고 생각하고 아무렇게 하는 경우가 많다. 엄마아빠는 아이가 조르니까 귀찮아서 또는 지금 당장 편하고 싶은 마음에 아무 생각 없이 덜컥 약속을 해버리는 실수를 자주 저지르곤 한다. 그러고서는 일상에 쫓겨 아이와의 약속은 까맣게 잊어버리고 만다. 설사 약속을 잊지 않고 기억하고 있다고 하더라도 전혀 대수롭지 않게 생각한다. '아직 애긴데, 어린 아이가 뭘 알겠어?'라고 엄마아빠 편한 대로 생각하며 아이를 무시하거나, '아마 금방 잊어버리고 말 거야' 또는 '울면 사탕 하나 사주면서 달래지 뭐. 그럼 금세 헤헤 웃을 건데 뭐'라며 가볍게 생각하는 경우가 많다.

시간이 지나 약속한 그때가 오거나 아이가 계속 약속을 이야기하면 그때서야 "미안해. 미안한데 지금은 그 약속을 지킬 수 없게 되었어. 나중에, 다음에 꼭 해줄게" 하는 식으로 얼렁뚱땅 넘어가려고 하는 경우가 많다. 때로는 언제 그런 약속을 했느냐며 도리어 화를 내거나, 아이에게 없는 일을 만들어내서는 억지 쓴다면서 아이를 혼내는 엄청난 실수를 저지르기도 한다. 일이 이렇게 되면 아이는 자기가 생각했던 것과 다른 엄마아빠의 반응에 당황하고 만다. 그런 나머지 감당하기 힘들 정도의 실망감에 휩싸이게 된다. 자연스럽게 엄마아빠에게 대한 믿음이 와장창 깨지면서 신뢰감이 와르르 무너지게 되고 만다.

아이들과 약속을 할 때에는 신중에 신중을 기해야 한다. 그리고 약속을 한 다음에는 무슨 일이 있어도 반드시 지켜야 한다. 지키지 못할 약속은 처음부터 하지 말아야 한다. 아이와 약속을 할 때에는 아주 사소한 것일지라도 꼼꼼히 따져봐야 한다. 그래서 신중하게 생각해서 지키지 못할 것 같으면 처음부터 약속을 못하겠다고 말하는 것이 좋다. 이러이러한 이유들 때문에 엄마아빠는 약속을 지키지 못할 것 같으니 약속을 못하겠다고 똑 부러지게 이야기하는 것이 낫다. 아이가 실망은 하겠지만 엄마아빠에게 대한 믿음은 간직할 수 있기 때문이다. 엄마아빠는 자신이 말한 것에 대한 책임을 지는 사람이며, 약속한 일은 무슨 일이 있어도 지키는 사람이라는 확신을 가질 수 있도록 하는 편이 아이에게 훨씬 낫다.

그런 일이 있으면 안 되겠지만 갑작스러운 일 때문에 약속을 지킬 수 없을 것 같으면 아이에게 미리 양해를 구해야 한다. 어떤 사정 때문에 약속을 지킬 수 없게 되었으며, 그로 인해 엄마아빠도 많이 속상하고 미안하게 생각한다는 것을 아이가 이해할 수 있도록 설명을 해주어야 한다. 아이에게 엄마아빠도 약속을 지키려고 했으나 여건상 어쩔 수 없는 상황이라 안타까워하고 있다는 것을 알려주어 속상한 마음, 실망스러운 마음을 덜어주어야 한다.

그런 다음에는 아이에게 차선책이나 다른 대안을 제시해주는 것이 좋다. 아이에게 지금은 약속을 지킬 수 없지만 언제쯤 지킬 수 있으니 그때까지 기다려줄 수 있는지 물어보거나, 처음에 했던 약속과는 조금 다르지만 몇 가지 조건을 바꾸어 다른 식으로라도 약속을 지키려고 하는데 괜찮은지 물어보는 것이 좋다. 엄마아빠가 약속을 지키지는 않았지만 나름 약속을 지키기 위해 최선을 다하는 모습을 통해 위안을 얻을 수 있도록 말이다. 노력하는 모습을 보면서 엄마아빠에 대한 신뢰감을 그대로 간직할 수 있도록 하는 것은 아이에게는 매우 중요한 문제이다.

칭찬과 훈육을 적당히 사용하라

간혹 할머니, 할아버지 밑에서 자란 아이들 가운데 자기가 최고인 줄 알고 천방지축으로 날뛰거나 기고만장하게 행동하는 아이들이 있다. 할머니, 할아버지는 아이가 잘못을 하더라도 따끔하게 혼내기보다 너그럽게 한두 마디로 타이르는 것으로 끝내시는 경우가 많다. 무슨 행동을 하더라도 할머니, 할아버지 눈에는 모두 예쁘게만 보이기 때문이다. 버릇없는 아이로 키우지 않으려면 어쩔 수 없이 따끔하게 혼을 내거나 마음이 아프기는 하지만 '사랑의 매'를 든다든가 하는 식으로 적절한 훈육을 할 필요가 있다.

그렇다고 매번 혼만 낼 수는 없다. 아이가 잘못할 때마다 혼을 내면 아이는 주눅이 들어서 어른들 눈치만 보게 된다. 그래서 무슨 일을 하더라도 자신 있게 하지 못하게 될 수 있다. 심지어 자기가 좋아하는 일, 평소 정말 해보고 싶었던 일이 생겨도 아이는 주저하기만 할 뿐 선뜻 나서서 할 수 없게 된다. 자신감이 없으니 매사에 소극적인 아이로 자라게 되거나, 속으로 불만이 가득 찬 상태로 지내면서 속앓이를 하게 될 수 있다다. 그래서 사육사들이 동물들을 훈련시킬 때처럼 '당근과 채찍'을 적절하게 사용해야 한다. 동물들이 훈련을 잘했을 때 좋아하는 먹이를 주고 잘못할 경우 채찍으로 혼을 내는 것처럼 아이에게도 적절한 꾸지람과 함께 칭찬을 해주어야 한다. 그래야 아이가 바른 인성으로 균형 잡힌 상태로 자랄 수 있게 된다.

아이를 키울 때에는 당근과 채찍처럼 칭찬과 훈육을 동시에 사용해야 한다. '입에 쓴 약이 몸에는 좋다'고 이따금씩 잘못을 따끔하게 혼을 내야 아이를 제대로 키울 수 있다. 잘못을 해서 혼을 낼 때에는 마음이 아프더라도 확실하게 혼을 내야 효과가 있다. 사람들을 의식해서 "조금 있다 집에 가서 보자"라는 식으로 미루어서는 안 된다. 잘못을 한 바로 그 자리에서 즉시 어떤 부분을 잘못했는지 정확하게 말해주어야 한다.

단 아이가 아무리 어리더라도 사람들 앞에서 공개적으로 혼내는 것은 피해야 한다. 어려서 아무 것도 모를 거라 생각할지 모르겠지만, 어린 아이들도 남들 앞에서 자신의 잘못을 지적당하면 창피해하며 자존심에 상처를 입을 수 있다. 그러므로 아이를 혼내기 전에는 아이를 조용히 다른 사람들 눈에 잘 띄지 않는 곳으로 데리고 가야 한다. 그리고 아이를 미워해서가 아니라 어떤 행동이 잘못되었기 때문에 이를 바로 잡기 위해서 혼내는 것임을 정확하게 알려주어야 한다. 그래야지만 마음을 다치지 않은 상태에서 자신의 잘못을 확실하게 깨닫고 바로 잡을 수 있다.

그러나 아이에게는 혼내는 것보다 '칭찬'을 해주는 것이 좋다. 아이가 잘못했을 때마다 잘못을 지적하며 혼을 내는 것보다 잘했을 때 충분히 칭찬해주는 것이 효과가 더 크다. 교육적인 측면에서 볼 때에도 훈육보다 칭찬이 아이를 더 빨리 그리고 더 확실하게 변화시킬 수 있다. 어른들도 마찬가지이지만 아이들은 누군가가 자기를 잘한다고 칭찬을 하면 긍정적인 자극을 받아서 더 잘하려고 한다. 상대방이 자신을 예쁘게 봐주고 잘한다고 자꾸 칭찬해주면 아이는 상대방을 실망시키지 않으려고 노력을 한다. 아이들은 자신을 지켜봐주면서 잘할 것이라 믿고 기대를 하면, 그 기대에 부응하기 위해 최선을 다하려는 경향이 있다. 그래서 칭찬의 효과는 우리가 생각하는 것보다 훨씬 더 크다.

칭찬도 꾸지람과 마찬가지로 칭찬할 때를 놓쳐버리면 그 효과가 떨어진다. 그러므로 아이가 어떤 행동을 잘하면 그 순간을 놓치지 말고 잘 포착해서 진심 어린 칭찬을 해주어야 한다. 아이에게 칭찬할 거리가 생기면 아무리 작고 사소한 것이라도 듬뿍 칭찬해주도록 항상 노력해야 한다. 또한 추상적으로 모호하게 칭찬하지 말고 어떤 점이 좋고 어떤 부분을 잘했는지 구체적으로 칭찬해야 한다.

칭찬을 할 때는 혼낼 때와 반대로 가끔씩은 아이 혼자 있을 때 하는 것보다 다른 사람들 앞에서 칭찬하는 것이 좋다. 왜냐하면 사람이라면 누구나 다른 사람들 앞에서 자랑하고 싶어 하는 심리가 있기 때문이다. 이럴 때 아이의 든든한 지원자인 엄마아빠가 나서서 아이를 칭찬해주면 더 큰 효과를 얻을 수 있다. 때로는 똑같은 칭찬이라도 할머니나 할아버지, 또는 선생님 등 아이가 좋아하는 다른 사람의 입을 빌려 칭찬하면 더 확실한 효과를 볼 수 있다.

눈높이 대화를 나누어라

대부분의 부모들이 자신은 아이와 많이 대화를 나누려고 노력을 하고 있다고 생각한다. 하지만 아이들이 느끼는 결과는 사뭇 다르다. 〈청소년 백서〉에 따르면 일주일에 아빠와 대화를 2시간 이상 나눈다고 대답한 아이는 37.3%, 엄마와 2시간 이상 대화를 나눈다고 대답한 경우는 65.6%였다고 한다.

아빠와 달리 엄마와는 많은 대화를 나누긴 하지만 결코 안심할 수 없는 것이 대화의 내용이나 질 때문이다. 아이와 나누는 대화 내용을 구체적으로 살펴보면 성적이나 진로와 관련된 내용이 주를 이루고 있고, 부모와 자식 간의 쌍방 대화가 아닌 부모의 일방적인 대화가 대부분이다. 서로의 생각을 주고받는 개방적인 대화가 아니라 일방적인 대화, 즉 아이들이 부모가 무서운 나머지 자신의 생각이나 의견을 마음껏 드러내지 못한 채 공부를 열심히 하라는 뜻의 압력이 담긴 말이나 성적 올려서 좋은 대학 가라는 주문에 가까운 잔소리가 대부분이다.

이런 대화는 진정한 의미에서의 대화라고 볼 수 없다. 이런 식의 대화가 이루어지면 이루어질수록 아이에게 거부감과 반발심만 길러주어 부모자식 간에 미묘한 갈등과 대립을 일으킬 수 있다. 그러니 아이와 대화를 할 때에는 비록 짧은 시간일지라도 관심을 갖고 부모가 먼저 아이의 말에 귀를 기울이는 모습을 보여주어야 한다. 그래야 아이와 보이지 않는 벽을 쌓지 않게 되고, 벽을 허물 수 있게 된다.

아이와 대화를 나눌 때에는 우선 집중해야 한다. 아이가 이야기를 하고 있는데 책을 보거나 텔레비전을 보는 등의 행동을 하지 말아야 한다. 비록 설거지나 청소 등 일을 하고 있더라도 아이가 이야기하기를 원한다면 일을 잠시 멈추고 아이 눈을 보며 하는 말들을 귀담아 들어주어야 한다. 다른 사람에게 하듯이 예의를 지키면서 아이의 말이나 행동이 마음에 들지 않더라도 바로 반박하지 않고 끝까지 들어주는 게 좋다.

아이가 이야기하기를 마쳤을 때에도 충분히 그렇게 생각할 수 있다고 아이의 생각을 먼저 인정해주어야 한다. 그런 다음 엄마아빠의 의견을 조심스럽게 이야기하는 것이 좋다. 절대로 비판해서는 안 된다. 아이의 생각이 이해되지 않으면 왜 그렇게 생각하는지 이유를 물어서 아이가 자신의 생각을 충분히 드러낼 수 있도록 해주면서 서로의 생각을 조금씩 조율해나가야 한다. 그래야 아이가 부모가 자신을 이해하거나 이해하려고 노력하고 있음을 깨달아서 마음의 문을 닫지 않는다.

아이가 어리다거나 뭘 잘 모른다는 이유로 우습게 여기거나 무시하거나 모욕해서도 안 된다. 아무리 터무니없는 이야기를 하더라도, 정말 말도 안 되는 어리석은 질문을 하더라도 비웃지 말고 존중해주어야 아이는 부모를 대화의 상대로 여긴다. 그래야지만 아이는 무슨 일이 있을 때 의논 상대로 부모를 제일 먼저 떠올리게 된다.

부모의 의견이나 제안에 아이가 이의를 제기하거나 반박을 하더라도 기분 나빠 하거나 화를 내지 말고 아이가 자기 세계를 구축해나가는 과정으로 받아들여야 한다. 부모로부터 독립하기 위해 아이가 부모의 견해와 행동방식에 도전할 기회를 가지는 것을 건강한 성장 과정으로 이해하고 인정해주어야지, 부모의 권위에 도전하는 것으로 오해하면 안 된다.

깜짝 이벤트를 마련하라

사랑하는 사람이 생기면 그 사람을 어떻게 하면 기쁘게 해줄 수 있을까 고민하며 즐거움을 주고자 노력한다. 그런 까닭으로 누구에게나 이벤트에 대한 추억을 한두 개쯤 갖고 있을 것이다. 연애하던 시절에는 만난지 100일 또는 1년 되는 날, 결혼한 이후에는 결혼 1주년이나 생일 등의 기념일에 축하하기 위해 이벤트를 여는 것은 물론 평범한 일상 속에서 상대방을 즐겁게 해주기 위해서나 특별한 추억거리를 만들고 싶어서 이벤트를 준비하는 경우도 있다.

이벤트를 준비할 때에는 사실 힘도 들고 신경 쓸 것도 많지만 그래도 지나고 보면 그런 것들이 모두 기쁨이 되기도 하고, 둘 사이를 더 단단하게 이어주는 매개체가 되기도 한다.

아이들에게도 이런 이벤트를 이따금씩 열어주는 것이 좋다. 아이가 느끼는 엄마의 빈자리를 생활 속 작은 이벤트를 통해 채울 수 있기 때문에, 깜짝이벤트를 선물해주는 센스를 발휘하면 아이에게 평소 말로 다 전하지 못한 엄마아빠의 사랑을 더 진하게 느낄 수 있게 한다. 작고 사소한 이벤트이지만 이를 통해 일상생활에서 맛볼 수 없는 색다른 즐거움과 기쁨을 맛볼 수도 있다. 또 세월이 흐른 뒤 함께 꺼내볼 수 있는 좋은 추억거리가 되기도 하고, 아이가 외롭고 힘이 들 때 그 어려움을 이겨낼 수 있는 힘이 될 수 있다.

이벤트라고 해서 반드시 크고 대단한 선물을 하거나 근사해야 하는 것은 아니다. 그러니 부담스러워할 필요는 없다. 그냥 아이가 엄마의 정성과 사랑을 느낄 수 있도록 평소 하는 것보다 약간만 더 신경을 쓰면 된다. 아이는 엄마가 자기를 위해 무엇인가를 하고자 노력했다는 것 자체만으로도 충분히 감동받는다.

집에서 아이를 위해 할 수 있는 이벤트가 뭐가 있을까 싶겠지만 생각을 조금만 달리 하면 많은 것을 찾을 수 있다. 매일 먹는 밥이라도 평소와 분위기를 다르게 하면 그것도 하나의 이벤트가 된다. 식탁에 예쁜 꽃 한두 송이를 꽂아두고 간단한 스프로 입맛을 돋운 다음 레스토랑에서 먹는 것처럼 접시에 음식을 담아 주고, 다 먹은 다음에는 간단한 음료와 과일로 입가심을 하게 해주면 아이에게는 근사한 이벤트가 될 수 있다. 물론 여기에 촛불을 켜거나 조명을 은은하게 하고, 잔잔한 음악을 틀어주는 등 세심한 배려를 더하면 좋겠다. 그때그때 상황에 맞게 조정하면 됨으로 크게 신경을 쓰지 않아도 괜찮다.

개인적으로 아이들이 어렸을 때 해주었던 이벤트 중에서 가장 인기가 좋아했던 것은 '쪽지 따라 하기'다. '쪽지 따라 하기'는 주로 한밤중에 준비를 해두었다가 아침에 아이가 눈을 뜨면서부터 시작된다. 아이가 눈을 떴을 때 바로 발견할 수 있도록 쪽지를 붙여둔다. 예를 들어 '세수를 한 다음 수건으로 얼굴을 닦으시오'라는 내용의 메모를 적어둔다. 쪽지에 적힌 지시사항을 따라 세수를 하고 얼굴을 닦으려고 수건을 잡아당기면 그 속에서는 또 다른 쪽지가 숨겨져 있다. 쪽지에 적힌 새로운 과제를 수행하는 과정을 서너 단계 반복한다. 그리고 제일 마지막 쪽지의 지시사항을 단수하면 그곳에는 아이가 좋아하는 장난감이나 책 등을 깜짝 선물로 받게 된다.

아이 입장에서는 쪽지 속에서 발견한 실마리를 따라 문제를 해결해나가는 형식이 마치 탐정이 된 듯한 기분을 만끽하게 할 수 있다. 또 적당한 긴장감을 즐기는 동시에 임무 수행이라는 뿌듯함도 맛보게 할 수 있다. 다음에는 어떤 내용이 적힌 쪽지가 기다리고 있을까 상상하는 재미와 문제를 모두 해결했을 때 얻게 되는 깜짝 선물은 무엇일까 궁금해하면서 가슴 설레는 기대감을 품을 수 있는 재미있는 이벤트이다.

엄마아빠 역시 어릴 때 소풍에 가서 했던 보물찾기를 응용해서 집 안에서 보물찾기나 책 속 비밀 쪽지 찾기 등의 이벤트를 만들어줄 수 있다. 조금 유치하기는 하지만 문 뒤에 숨어 있다가 갑자기 나타나 깜짝 놀라게 하는 장난스런 이벤트로 한바탕 웃음보를 터뜨리게 할 수도 있다. 이런 작고 재미있는 이벤트를 통해 아이는 엄마아빠가 자신을 위해 항상 신경을 쓰고 있다는 것을 알게 되고, 사랑 받고 있다고 느낄 수 있다.

아이의 인성 챙기기

마주 노트로 칭찬과 격려를 하라

요즘 아이들은 바쁘다. 학교 갔다 와서도 아이들은 학원을 가거나 학습지를 하는 등 할 일이 많다. 하루 일과를 마치고 집으로 돌아왔다고 해도 바쁜 것은 여전하다. 학교 숙제도 해야 하고 학원 숙제도 해야 하기 때문에 엄마와 이야기를 나눌 시간이 별로 없다. 물론 식사 준비를 하는 동안이나 식사 시간에 이런저런 이야기를 나눌 수 있기는 하지만 그 시간에 제대로 된 이야기를 나누기는 힘이 든다. 대화는 얼굴을 마주 보고 눈을 맞춰가며 상대방의 이야기를 들어주고 거기에 대한 내 생각이나 느낌을 나누는 것인데, 텔레비전을 보면서 또 식사를 하면서 고민거리를 털어놓거나, 심각하거나 진지한 이야기를 나누기는 아무래도 무리다.

176

일하는 엄마에게 이런 상황은 더 심하다. 퇴근하자마자 아이와 마주 앉아 다정하게 이런저런 이야기를 나누고 싶은 마음은 굴뚝같지만 눈앞에 놓인 현실은 그렇지 못하기 때문이다. 옷을 갈아입자마자 식사 준비에 집안 청소를 해야 하기 때문이기도 하고, 엄마 스스로도 이미 회사에서 일하느라 시달릴 대로 시달린 상태라 피곤한 상태이기 때문이다.

　다른 사람의 이야기를 제대로 들어주려면, 즉 '경청'을 하려면 상대방이 말하는 것에 집중할 수 있는 마음의 여유와 체력이 바탕이 되어야 한다. 그런데 하루 종일 업무를 처리하느라 지쳐 있는 엄마는 그럴 수 없다. 그렇다고 아이와의 대화를 포기할 수도 없다. 무언가 나름대로 다른 대책을 마련해야만 한다. 같이 있는 시간이 적은 엄마, 같이 있어도 서로의 마음을 고스란히 전달하기 힘든 경우에는 '마주 노트'를 활용해보자.

　마주 노트를 활용해보라고 권하는 까닭은 아이와 엄마 또는 아이와 아빠 때로는 아내와 남편이 서로의 생각을 진지하게 나누는 소통의 장을 마련할 수 있기 때문이다. 또 아무리 좋은 칭찬과 격려일지라도 말로 하면 그때 그 순간이 지나면 그만이거나 퇴색되기 쉬운데 비해 노트에 글로 쓰면 생각날 때마다 찾아볼 수 있고, 매번 볼 때마다 처음 그때 그 느낌을 살릴 수 있어서 좋다. 시간이 흐른 뒤에는 좋은 추억거리로 간직할 수도 있다.

　이외에도 마주 노트를 잘 활용하면 생각지도 않은 여러 가지 부수적인 효과까지 얻을 수 있다. 일단 마주 노트를 통해 자기 생각을 가족들에게 전하려면 아이와 부모는 자기 생각을 말이 아닌 글로 써야 한다. 그러다 보면 종종 글씨나 맞춤법이 틀리는 등의 작은 실수들을 하는데, 시작하기 전 그런 허물쯤은 기꺼이 눈감아 주자고 약속을 하는 것도 괜찮다. 마주 노트를 쓰는 주된 목적은 글쓰기 공부가 아니라 가족 간의 소통에 있으므로, 일단 글 쓰는 것을 부담스럽지 않게 만드는 것이 좋다.

처음에는 이렇게 허술하게 시작하지만 시간이 흐르면 흐를수록 아이의 글쓰기 실력이 늘고, 자연스럽게 논술의 기초를 다질 수 있게 된다. 아이는 엄마아빠의 글을 읽으면서 자기가 틀리게 쓴 글씨, 어색한 표현이나 잘못된 맞춤법 등을 스스로 깨우쳐 바로 잡게 될 것이다. 또 글을 쓰려면 떠오르는 생각을 바로바로 전하는 것이 아니라 한 번 더 정리해야 한다. 아이는 이런 과정들을 거치면서 생각하는 힘을 조금씩 키워나가는 효과를 얻을 수 있다.

이런 마주 노트를 쓸 때에는 되도록 좋은 이야기, 칭찬과 격려, 위로와 사랑을 나누는 이야기를 많이 하는 것이 좋다. 얼굴을 마주 볼 때에도 잔소리를 듣는데 마주 노트를 통해서도 혼이 난다면 아이는 마음을 둘 곳이 없어질 것이다. 그렇게 되면 엄마의 빈자리를 채울 방법이 없어진다. 그러므로 마주 노트는 가능한 한 엄마아빠의 사랑을 재확인하는 매개체로 활용하는 것이 좋다.

주기적인 여행으로 추억을 쌓아라

누구나 다 그러하겠지만 개인적으로 해가 바뀔 때마다 작은 행사를 하나 치른다. 제야의 종소리를 듣기 전 간단한 다과와 함께 가족들이 둘러앉아서 지난 한 해를 돌아보고 다가오는 새해에 대해 생각해보며 마음을 다독이는 시간을 갖는다. 지난 한 해 동안 아쉬웠던 일에 대해 생각해보기도 하고 계획을 세웠으나 실천으로 옮기지 못한 일들에 대한 반성도 하며 서로에게 미안했던 일들에 대해 사과를 한다. 그리고 이어서 다가올 한 해 동안 해야 할 일과 하고 싶은 일들에 대해 생각해보고 이를 바탕으로 한 해 계획을 세운다.

각자 자기 나이와 상황에 맞게 나름대로의 계획도 세우지만, 가족이 함께했으면 하는 공통의 목표도 세우고 있다. 가족 공동 목표를 세울 때 매년 빠지지 않고 등장하는 것이 바로 '가족여행'이다. 어느 해는 분기별로 캠핑 가는 것을 목표로 삼기도 하고, 어느 해는 다달이 각자 얼마씩의 돈을 모아 해외여행을 목표로 삼기도 한다. 때로는 함께 사는 우리 가족뿐만 아니라 부모님(아이들의 할머니, 할아버지)을 비롯한 형제지간 모두가 일정을 맞추어 다녀오는 여행을 계획하기도 한다.

혼자 또는 친구들과 하는 여행에 비해 어찌 보면 다소 번거롭고 불편한 가족여행을 매년 고집하는 이유는 무엇일까? 매일 생활하는 공간인 집을 떠나 낯선 곳에 여행하다 보면 이제껏 알지 못했던 가족들의 모습을 발견할 수 있다. 평소 마음에는 있었으나 쑥스러워서 선뜻 하지 못한 채

간직하고만 있었던 말을 전하기도 쉽다. 또 여행을 다니면서 새로운 것들을 많이 접하게 되는데 이런 과정을 통해 함께 보고 함께 느낀 것들을 추억으로 간직할 수 있게 된다. 서로 마음의 거리를 좁힐 수 있게 된다.

여행을 통해 가족들이 함께 간직할 소중한 추억을 쌓을 수도 있고, 일상생활에서 접하기 힘든 다양한 경험을 할 수도 있다. 뿐만 아니라 여러 가지 현상이나 문제가 발생했을 때 대응할 수 있는 능력도 길러준다. 여행을 통해서 얻을 수 있는 또 다른 매력은 아이가 자기 눈으로 보고 듣고 몸으로 직접 체험하는 동안 관찰력을 기르게 되고 호기심을 갖게 되며 따뜻한 마음과 정서를 갖게 된다는 것이다. 여행을 하면서 사람들이 살아가는 모습, 그 지역만의 자연환경, 그곳에서만 누릴 수 있는 문화 등을 통해 세상을 바라보는 시각이 넓어지고 생각하는 폭이 깊어진다.

또 여행은 떠나는 것 그 자체만으로도 좋지만 떠나기 전의 설렘도 충분히 즐길 수 있다. 여행을 떠나는 날을 손꼽아 기다리며 기분 좋은 설렘과 여행갈 곳에 대해 함께 조사를 하고 계획을 세우며 서로의 생각과 의견을 주고받으며 소통을 한다. 또 필요한 준비물들을 챙기면서 한마음 한뜻이 되어 자연스럽게 결속력을 다지게 된다. 이렇게 의견을 주고받고 함께 세운 목표를 달성하기 위해 노력하다 보면 그동안 서로에게 가졌던 오해와 섭섭한 마음 등을 자연스럽게 풀 수 있어 사이가 더욱 돈독해지는 장점이 있다.

그러니 일 년에 한두 번만이라도 여행을 가기를 권한다. 가까운 곳으로라도 떠나 아이들이 자연을 접할 수 있게 해주는 동시에 다양한 체험을 할 수 있도록 해주자. 여건상 멀리 여행을 할 수 없다면 가까운 곳으로의 나들이로 좋고, 새벽에 떠났다가 밤늦게 돌아오는 짧은 여행도 괜찮다.

먼저 행동으로 본을 보여라

가끔 일이 있어서 지하철을 타거나 식당에 갈 때 나도 모르게 얼굴을 찌푸리는 일이 종종 있다. 제 집 안방인 양 뛰어다니는 아이들 때문이다. 도서관이나 박물관 같은 곳에 가도 마찬가지다. 조용히 관람을 해야 함에도 불구하고 소리를 지르거나 큰소리로 전화하는 사람들 때문이다.

안 그러려고 해도 자동으로 인상을 쓰면서 '도대체 쟤네 엄마는 어디서 뭐하고 있는 거야?'라는 생각이 들어 주변을 둘러보게 된다. 그런데 가만 보면 엄마도 아이와 별반 다르지 않다. 남들이야 불편하든 말든 상관하지 않는다. 다른 사람들이 어떻게 말하든지 전혀 신경 쓰지 않는다. 오로지 내 편한 식으로 생각하고 행동한다. 그러니 아이들 또한 자기 편한 대로 행동하는 것이다.

아이들은 이렇게 부모의 뒷모습을 보며 자란다고 한다. 그러니 우리 아이에게 원하는 모습이 있다면 부모가 먼저 본보기가 되어야 한다. 한두 번 시범적으로 보이는 것이 아니라 일상생활 속에서 부모가 그런 모습을 지속적으로 보여주어야 한다. 아이들이 보고 들은 것을 자연스럽게 배우도록, 따로 인식하는 과정 없이 그냥 따라 함으로써 몸에 익힐 때까지 본보기를 보여주어야 한다.

아이들이 인사를 잘하기를 원한다면 나부터 이웃들에게 먼저 인사하는 모습을 보여주면 된다. 다른 사람이 엘리베이터를 탔을 때 웃으면서 "안녕하세요? 좋은 아침입니다"라고 먼저 인사를 건네고, 버스를 탈 때 "수고가 많으십니다"라고 말하는 등 행동으로 엄마아빠가 본보기를 보여주면 된다.

책을 가까이 하며 즐겨 읽는 아이를 원하면 "책 읽어라. 책 좀 봐라"며 잔소리할 필요 없이 엄마아빠가 먼저 책 읽는 모습을 보이면 된다. 아이가 보든 안 보든 상관하지 말고 엄마아빠가 책 읽는 모습을 자주 보여주다가 아이가 관심을 보일 때 재미있어 할 만한 책을 읽어주거나 함께 읽으면 된다.

개인적으로는 우리 아이들이 다른 사람들에게 피해를 끼치지 않고 살았으면 좋겠다. 가능하다면 피해를 주지 않는 것을 넘어서 자신이 가진 재능을 다른 사람에게 나누어주며 사는 그런 사람이 되었으면 더 좋겠다. 더불어 사는 사회에 더불어 사는 사람이 되었으면 좋겠다는 바람이다. 그래서 기회가 닿을 때마다 재능 기부도 하고 저소득층 아이들을 대상으로 하는 교육 봉사를 하고 있다. 하지만 '나는 이러이러한 일들을 하고 있다'라고 티 내지 않으면서 봉사가 생활의 일부인 것처럼 아이들에게 자연스럽게 본보기를 보일 뿐이다.

나는 기회가 있을 때마다 아이들에게 이런 이야기를 한다. 사람이 가진 재능(능력)이 다 똑같을 수는 없지만 마음만 먹으면 그 재능들을 다른 사람과 함께 나눌 수 있다. 어떤 사람에게는 경제적 능력이 있을 수 있고, 어떤 사람에게는 가르치는 능력이 있을 수 있다. 또 어떤 사람은 만드는 재주가 있고, 힘든 일을 할 수 있는 체력이 있다. 자기가 가진 이런 재주와 능력을 필요한 사람들에게 나누어주었으면 좋겠다. 아이들에게 함께 더불어 사는 사람으로 자라서 평생을 나누면서 살았으면 좋겠다고 말한다. 어른이 되었을 때 반드시 한두 가지 재능을 가지고 있으면 좋겠다. 그러기 위해서는 그런 재능을 가질 수 있도록 노력을 했으면 좋겠다는 엄마로서의 바람을 이야기한다. 이때 직접 본보기를 보이면서 이야기를 하면 아이들은 자연스럽게 따라오게 된다.

집안 행사에 참여시켜 섬김을 익히게 하라

아이들을 가르칠 때 첫 만남에서 매번 아이들 이름을 빼놓지 않고 물어본다. 한글 이름에 이어 영어 이름을 물어보면 아이들은 한치의 주저함도 없이 자신 있게 자기 이름을 쓰고 대답한다. 그런데 신기하게도 한자로 이름을 어떻게 쓰는지, 그 의미가 무엇인지에 대해 물으면 열에 일고여덟 명은 자기 이름에 쓰인 한자를 모른다.

자기 이름을 한자로 쓰지 못한다는 것은 아이들이 자기 이름에 담긴

뜻과 의미를 모른다는 이야기다. 엄마아빠가 혹은 할머니, 할아버지가 왜 그런 이름을 지어주셨는지, 앞으로 어떤 사람으로 자라기를 바라는지 모른다는 이야기다. 자기가 태어났을 때 어른들이 어떤 마음으로 축복을 해주었으며 어떤 바람을 지녔는지, 자신의 뿌리가 누구에게 있으며, 누구를 거쳐 지금의 자기까지 연결되어 있는지를 모르고 있다.

자기 자신에 대해서도 잘 모를뿐더러 친인척에 대해서도 잘 모르는 아이들이 태반이다. 친척을 만나도 사촌지간을 넘어서면 촌수를 몰라 어떻게 불러야 할지도 모른다. 촌수나 호칭을 모르니 어떻게 행동해야 할지를 몰라 일가친척들이 모이는 자리가 더 어렵게 느껴지고 불편하게 여겨져서 자꾸만 피하게 된다.

이런 일들은 여러 세대가 함께 모여 대가족을 이루고 살던 옛날에는 볼 수 없었던 일들이다. 예전에는 따로 가르치지 않아도 엄마아빠가 하는 것을 보고 저절로 어른들 대하는 법을 익혔다. 하지만 요즘은 그럴 기회가 없어서 아이들뿐만 아니라 어른들까지 웃지 못할 실수를 많이 하게 되는 것이다.

산업화가 되고 현대화가 이루어지면서 직계가족만 사는 핵가족화가 일반적인 요즘은 예의범절을 따로 가르쳐주어야 한다. 그러니 설이나 추석 같은 명절에는 아이들이 꼭 어른들을 찾아뵙게 하는 것이 좋다. 어른들 생신뿐만 아니라 크고 작은 집안 행사가 있을 때마다 데리고 다니면서 자연스럽게 익히게 해야 한다. 어른들을 찾아뵙고 안부를 여쭈면서 덕담이나 좋은 말씀도 귀담아 듣게 하고, 그분들의 삶에서 보고 배우도록 해야 한다.

종종 '공부'를 핑계로 아이들은 빼고 어른들만 참석하는 경우가 많은데 이 또한 공부라는 사실을 잊지 말아야 한다. 시험을 보기 위한 공부보다 훨씬 더 중요한 인생 공부이고 돈 주고도 살 수 없는 살아 있는 지혜를 배울 수 있는 더할 나위 없이 좋은 기회이므로 가족 행사에 아이들을 꼭 동참시키도록 하자.

집안일을 도우며 가족의 일원임을 깨닫게 하라

외국의 경우 집안일을 대부분 가족이 모두 함께하는 경우가 많다. 아무리 어린 아이일지라도 그 또래 아이들이 할 수 있을 만한 일들을 하게 한다. 나라마다 다르기야 하겠지만 청소를 할 때 가족들이 엄마는 부엌, 아빠는 거실, 아이들은 욕실 등으로 구역을 나누어 다함께 움직여 청소를 하거나 아빠는 잔디 깎기, 엄마는 요리, 아이들은 분리수거나 세탁 등으로 할 일을 나누어서 따로 또 같이 집안일을 나누어 하는 경우가 대부분이다.

하지만 우리나라의 경우는 다르다. '집안일은 엄마(또는 아내) 일'이라고 생각하는 경우가 대부분이다. 엄마 혼자서 발을 동동거리며 뛰어다녀도 가족들은 아무도 개의치 않는다. 청소하고 설거지하고 식사 준비하는 일은 당연히 엄마가 해야 하는 일이라고 생각하기 때문에 가족들은 불편한 마음을 가지지 않고 텔레비전을 보거나 자기 일을 한다. 그 어느 누구도 엄마에게 미안해하거나 도와주려고 하지 않는다. 이러한 이유는 집안일을 가족 모두의 일이라고 생각하지 않기 때문이다.

초등학교 아니 유치원에서부터 양성평등에 대한 교육이 이루어지고 있고, 맞벌이 부부가 늘어남에 따라 가사 분담이 이루어지면서 예전에 비해 많이 좋아졌다고는 하지만 아직도 우리나라 실상은 이렇다.

이것은 분명 잘못된 것으로, 아빠와 함께 아이들이 엄마를 도와 집안일에 참여해야 한다. 왜냐하면 아이는 집안일을 돕는 과정에서 자기 자신도 가족의 일원임을 깨닫게 되는 동시에 자신이 늘 어른들의 보호와 도움만 받는 나약한 존재가 아니라 다른 사람을 도울 수 있는 존재라는 것을 인식할 수 있게 된다. 또한 가족들을 위해 함께 집안일을 하면서 배려와 협동심도 기르게 되어 건강한 인성을 갖출 수 있게 된다.

어느 조사에 따르면 아빠와 아이가 함께 집안일을 돕는 경우 또래 아이들과 잘 어울리며 친구들도 잘 따르는 것으로 나타났다. 뿐만 아니라 자기 문제는 스스로 해결하는 자립심도 높고 선생님에게 반항을 하거나 문제를 일으키는 비율도 낮다고 한다. 가사 분담을 하면서 아이들은 자연스럽게 부모와 소통하는 시간을 많이 갖게 되고, 민주적인 가정의 가치를 배우며 협동심을 기르게 되는 것이다.

그러니 엄마 도움이 진짜로 필요한 일정 시기가 지나면 신발 정리부터 화분에 물주기, 식탁 차리기 등의 간단한 집안일부터 시작하여 점차적으로 그 나이대에 할 수 있는 일을 맡기도록 해야 한다. 그래야만 아이들도 살아가는데 필요한 능력과 자립심을 길러나갈 수 있다. 이러한 과정들을 거치는 동안 아이들의 생각이 자라고 긍정적이고 적극적으로 생활하는 태도를 익히게 되므로 안쓰럽게 생각하지 말고 이런저런 집안일을 많이 해볼 수 있도록 기회를 제공해주어야 한다.

물건의 소중함을 깨닫게 하라

'공짜 좋아하면 대머리 된다'라는 옛말이 있다. 하지만 공짜를 바란다고 머리가 벗겨지지는 않는다. 과학적으로 전혀 근거 없는 이야기이다. 그런데 왜 이런 말이 생겨났을까? 아무런 노력도 하지 않고 그저 얻으려고 하지 말라는, 공짜를 바라는 마음을 경계하기 위해서 옛 어르신들이 지어낸 말씀일 것이다.

인생에는 공짜가 없다. 세상에는 그저 얻어지는 것은 아무 것도 없다. 지금 당장은 아무런 대가를 치르지 않더라도 언젠가는 그 대가를 반드시 치르게 되어 있다. 자신은 기억을 하지 못할지라도 예전에 그만한 대가를 이미 치렀거나 언제가 될지 모르지만 앞으로 그만한 대가를 치르게 된다. 땀 흘리지 않고 얻은 것은 도둑을 맞든가 아파서 병원에 입원을 하는 식으로 방식이나 형태를 달리 하여 대가를 치르게 된다는 말이다. 그도 저도 아니면 고통이나 근심 등으로 그만큼의 대가를 치르는 게 세상의 이치이다.

그런데 요즘 아이들은 물건을 잃어버려도 아무렇지도 않게 생각한다. 다시 사면 된다는 생각을 너무 쉽게 한다. 이러한 이유로 분실물 코너에는 아이들이 잃어버린 물건들이 가득하다. 자기가 잃어버린 물건을 찾아가는 아이들이 없기 때문이다. 심지어는 자기 이름이 적힌 물건인데도 찾아갈 생각을 하지 않는다. 엄마아빠에게 말만 하면 언제든지 새 것을 얻을 수 있기 때문에 굳이 분실물 코너에서 자신이 잃어버린 물건을 찾는 수고로움을 하려고 하지 않는다.

요즘 아이들은 물질적으로 풍요한 시대에 살고 있기 때문에 입고 먹고 자는 것에 별다른 불편함이나 부족함을 못 느낀다. 이런 아이들에게 일을 하게 함으로써 자신이 원하는 것을 얻기 위해서는 많은 시간을 투자해야 하고 많은 노력을 해야 한다는 것을 몸소 체험하게 하는 것이 좋다. 물건 하나가 얼마나 소중한 것인지, 얼마나 많은 사람이 땀 흘리며 일해야 얻을 수 있는 것인지 알게 하려면 아이가 직접 땀 흘려보게 하는 것이 제일 좋다.

그러기 위해서는 아이들이 지금 누리는 모든 것들이 그저 얻어지는 것이 아니라는 사실부터 깨달을 수 있도록 해주어야 한다. 나는 아무런 수고를 하지 않았지만 나대신 누군가의 피땀이 있었기에 가능한 것임을 알게 해야 한다. 그 누군가는 아이가 알고 있는 엄마아빠일 수도 있고 한 번도 본 적이 없는 시골에서 농사짓는 농부일 수도 있다. 하지만 그들이 없었더라면, 그들이 땀 흘려 일하지 않았더라면 결코 지금과 같은 생활을 하지 못한다는 사실을 생각하게 해야 한다.

넓게는 지구 환경과 자연보호를 생각해서 물건을 아껴 쓰도록 해야 하고, 좁게는 가계를 위해서 자기 물건을 제대로 챙겨야 하며 소중하게 다루도록 해야 한다. 지금 이 순간에도 지구 저 편 어딘가에서는 제대로 된 옷 한 벌이 없어서 추위에 벌벌 떠는 아이도 있고, 마실 물과 먹을 것이 없어서 굶주림에 고통받는 아이들이 많다는 사실을 기억하게 해야 한다.

아이에게 노력한 만큼 얻을 수 있다는 사실을 경험을 통해 깨닫게 하기 위해 유리창 닦기, 신발 정리, 분리수거 등 간단한 집안일을 하게 하여 자기 용돈은 벌어 쓰게 하는 것이 좋다. 아직 어린 아이이기 때문에 장시간 또는 너무 힘든 일은 시킬 수 없지만, 가능하다면 지인들이 일하는 곳에 잠시 잠깐 양해를 구하고 한두 시간 정도 노동의 힘듦을 직접 체험해 보게하는 것도 좋다.

이런 경험을 해본 아이들은 결코 자기가 쓰는 물건을 함부로 다루지 않을 것이다. 지금 아이가 입고 먹고 자는 것 모두가 엄마아빠가 그만한 대가를 치루고 벌어오는 돈이 있어 가능하다는 것을 알게 될 것이다. 보이지 않는 곳에서 모르는 사람들이 땀 흘리지 않았으면 절대 누릴 수 없는 사치임을 알게 될 것이다. 따로 잔소리를 하지 않아도 자연스럽게 늘 감사하는 마음으로 물건을 소중하게 아껴 쓰게 될 것이다.

긍정적으로 생각하게 하라

사람이 웃을 때 뇌에서 고통을 잊게 해주고 기분을 좋게 해주는 호르몬인 '엔도르핀'을 내보낸다고 한다. 그런데 이 엔도르핀 호르몬은 사람이 진짜로 웃을 때만 나오는 것이 아니라 가짜로 웃는 시늉을 해도 분비가 된다고 한다.

영국 옥스퍼드 대학의 진화심리학자 로딘 던바 교수 연구팀이 실험한 결과에 따르면 우리가 웃을 때 내는 '하! 하! 하!' 소리를 낼 때 관여하는 근육의 활동이 뇌를 자극하여 행복감을 주는 신경 호르몬을 분비시킨다고 한다. 진심으로 기뻐서 웃든 가짜로 웃든 상관없이 우리 뇌는 웃을 때 사용되는 근육이 움직인다고 판단이 되면 엔도르핀을 분비한다는 것이다. 그러니 기분이 우울하거나 행복해지고 싶을 땐 억지로라도 입꼬리를 올리면서 큰소리로 웃도록 하는 것이 좋다. 처음에는 억지로 웃지만 몇 번 반복하다 보면 엔도르핀이 분비되어 진짜 기분이 좋아지고, 기분이 좋아지니 진짜 웃을 수 있게 되기 때문이다.

웃음과 엔도르핀 호르몬이 서로 선순환을 하면서 좋은 결과를 불러일으키는 것처럼 긍정적인 사고방식도 마찬가지다. 긍정적인 문구를 반복해서 암송하면 자신도 모르는 사이 긍정적인 사고방식을 갖게 되어 마침내 밝고 긍정적인 사람으로 변화하게 되는 선순환이 일어날 수 있다. 긍정적인 사고는 아이를 긍정적인 사람으로 또 자아 존중감과 자기 효능감을 높여주기 때문에 공부를 할 때도 도움이 되고 새로운 일에 도전할 때에도 많은 도움을 주므로 꼭 필요하다.

감사하는 마음을 갖게 하라

'잘 되면 내 탓이요, 못 되면 조상 탓이다'라는 옛말이 있다. 이 말은 잘 못된 원인이 자신에게 있지 않다고, 남 탓으로 돌리면서 자기 마음 하나 편해보고자 하는 이기적인 사람들의 심리를 비꼬아 하는 말이다. 일이 잘 되면 그것은 다 내가 노력한 덕분으로 돌리고, 최선을 다해 열심히 노 력했지만 뜻대로 안 되는 것은 남이 잘못했기 때문이라는 것이다. 이것 은 구차한 변명에 지나지 않는다.

모든 일의 잘잘못의 이유는 자세히 파고들어가 보면 남이 아닌 나에 게 있다. 다른 사람이 아닌 나 자신에게 모든 일의 성패가 달려 있다. 왜 냐하면 똑같은 상황이 주어져도 누구는 성공을 하고 또 어느 누구는 실 패를 하기 때문이다. 이 둘의 가장 큰 차이점은 자신에게 주어진 상황이 나 눈앞에 놓인 여건을 어떻게 받아들이느냐는 것이다. 성공한 쪽은 대 개 '그럼에도 불구하고 감사하다'라는 생각으로 자기에게 주어진 것을 기 꺼이 받아들였지만, 실패한 쪽은 '왜 하필 나에게 이런 일들이 벌어지나? 운도 지지리도 없지. 재수 없다'라는 생각으로 불평불만하며 거부하거나 회피하려는 경향이 있다.

일본의 유명한 기업가 마쓰시다 고노스케(파나소닉 창립자) 씨는 자신의 성공비결을 '가난, 허약, 무식'으로 꼽았다. 보통 사람들 같으면 불평불만에 가득 찼을 텐데 마쓰시다 고노스케 씨는 이를 감사하는 마음으로 받아들이고 긍정적으로 생각하였는데, 그로 인하여 성공할 수 있었다고 밝혔다.

"나는 하나님께 감사하는 것이 세 가지가 있다. 나는 가난한 농부의 아들로 태어났기 때문에 가난했다. 가난했기에 누구보다도 열심히 일하면서 살아야겠다는 생각을 어려서부터 했고 평생을 그렇게 살았다. 또 나는 어려서부터 몸이 허약했다. 몸이 약하기 때문에 하루도 빼놓지 않고 몸을 움직여 운동했다. 덕분에 나는 평생 건강하게 지낼 수 있었다. 나는 소학교(초등학교)도 못 나온 무학자다. 그래서 나를 제외한 모든 사람을 다 나의 스승으로 모시기로 어려서부터 결심했다. 그래서 만나는 모든 사람들에게 배우고 익혔다."

아이들에게도 어떤 일을 대할 때 감사하는 마음을 갖도록 해야 한다. 그래야지만 자신에게 주어진 것들을 기꺼이 받아들일 수 있고, 방법을 찾으며 노력할 수 있기 때문이다. 불평한다고 달라지는 것은 아무 것도 없음을 깨닫게 해야 한다. 불평하면서 거부하거나 회피하려고 하면 할수록 상황만 더 나빠지게 된다는 것을 알게 해야 한다.

자신에게 악조건이 주어지더라도 오히려 이를 기회로 삼을 수 있도록,

그래서 앞으로 나아가는 계기가 되도록 해야 한다. 이런 마음은 어느 날 갑자기 갖게 되는 것이 아니다. 한두 번 훈련을 한다고 되는 것도 아니다. 평소 긍정적으로 생각하는 훈련을 꾸준히 하면서 이와 함께 자기에게 주어진 모든 것들을 감사하게 여기는 마음 훈련을 해야만 가능한 일이다. 아이에게 이런 훈련을 시키려면 당연히 부모가 먼저 이런 모습을 보여주어야 하므로 엄마아빠가 먼저 연습에 연습을 거듭해야 한다.

성취감과 자신감을 쌓게 하라

가보지 않은 길, 해보지 않은 일, 익숙하지 않은 사람들과 환경처럼 낯선 환경에 노출된다거나 새로운 일을 접한다는 것은 어른이나 아이 모두에게 스트레스다. 일반적으로 보이는 적보다 보이지 않는, 형체가 없는 것들이 더 두려운 법이다. 하지만 두렵다고 해서 겁이 난다고 해서 도망갈 수도 없다. 운이 좋으면 어쩌다 한두 번은 피할 수 있을지 모르지만 매번 피해 갈 수는 없다. 그렇기 때문에 두려워도 무서워도 부딪쳐야 한다. 정정당당하게 또는 정면 돌파를 해야지만 문제점을 해결할 수 있고, 발전할 수 있다. 그래서 사람들은 말한다. "피할 수 없다면 즐겨라!"

요즘 사회적으로 '헬리콥터 맘'이나 '캥거루족'이 문제가 되고 있다. 더 이상 어린 아이가 아닌데도 엄마 뱃속에 있는 아기주머니에서 나올 생각을 않는 아이, 행여나 아이가 넘어지거나 실패할까 두려워 아이 곁을 빙글빙글 돌면서 문제가 발생하면 즉시 달려가 아이 대신 일처리를 해주는 엄마는 모두 실패를 두려워하거나 시련을 무서워하기 때문이다.

아이가 다치는 것이 마음 아파서 또는 실패의 쓰라린 아픔 때문에 주저앉아 우는 모습을 보면서 안쓰럽다고 해서 엄마가 이것을 대신 해줘서는 절대 안 된다. 아이가 넘어져서 깨지는 것이 두렵다고 부모가 언제까지나 모든 것을 대신 해줄 수는 없다. 아이가 다칠까봐 부모가 항상 바람막이가 되어줄 수도, 방패가 되어줄 수도 없다. 아이들에게도 무엇이든지 직접 부딪쳐서 문제를 해결하게 해야 한다.

도전이 없으면 실패도 없다. 도전을 해야만 실패든 성공이든 경험할 수 있다. 아이가 하는 것을 보고 있노라면 엄마가 보기에 답답하고 안쓰러울지 모르지만 그래도 도전하게 해야 한다. 아이가 처음 걸음마를 할 때 수없이 넘어지고 일어서기를 반복하는 것처럼 아이 스스로 방법을 깨우치게 해야 한다. 서툰 숟가락질 때문에 먹는 것보다 흘리는 것이 훨씬 더 많았지만 어느 정도 시간이 흐르면 제대로 수저를 사용할 수 있었던 것처럼 아이를 믿고 기다려주어야 한다.

여러 번의 시행착오를 거치며 수십 번 넘어지고 수백 번 깨지면서 아이는 스스로 문제해결법을 알게 되고, 결국에는 성공의 짜릿한 맛을 알게 될 것이다. 이런 성공의 경험들이 아이에겐 성취감을 맛보게 하면서 자신감을 갖게 하고, 조금씩 자기 효능감을 길러줄 것이다.

작은 도전이 변화를 만든다. 도전을 통해 이루어지는 작은 변화들이 아이의 생각과 행동의 변화를 불러일으키고, 이런 변화를 바탕으로 아이는 자신의 생활과 인생을 바꿀 수 있는 커다란 원동력을 얻게 된다. 여러 번의 실패를 통해 새로운 방향을 모색하는 과정을 통해 아이가 진정한 성공의 길로 나아갈 수 있다는 사실을 명심하고, 아이에게 작고 쉬운 것부터 도전할 수 있도록 해야 한다.

일하는 엄마의 방과후 아이 생활 챙기기 조언

1. 알차고 저렴한 방과후 학교 프로그램을 적극 활용하라.

2. 간단한 간식거리를 준비해둔다.

3. 스케줄러와 알람을 활용하게 한다.

4. 이웃들과 사이좋게 지내서 위급상황에 대처하라.

5. 메모판 등을 활용하고, 아이와 자주 연락하라.

6. 엄마아빠가 일하는 장소를 보여주라.

7. 약속으로 신뢰감을 쌓으라.

8. 눈높이 대화를 나누라.

9. 아이를 위한 깜짝 이벤트를 준비하라.

10. 마주노트로 칭찬과 격려를 한다.

11. 가족여행으로 추억을 쌓아라.

12. 자기 몫의 집안일을 돕게 하여 가족의 일원임을 깨닫게 하라.

13. 긍정적인 사고를 길러주라.

Part 04

•

아이의 평생을 결정하는
습관 챙기기

아이의 생활 습관 챙기기

규칙적인 수면 습관을 갖게 하라

'일찍 일어나는 새가 벌레를 잡는다'라는 속담이 있다. 요즘 인터넷에서는 이를 '일찍 일어나는 새가 피곤하다'거나 '일찍 일어나는 새가 빨리 잡아먹힌다'는 식으로 재미있게 바꾸거나 비꼬기도 하는 모양이다. 하지만 아무리 그래도 조직화된 현대 사회에서는 일찍 자고 일찍 일어나는 아침형 인간으로 살아가는 것이 더 효율적이다.

이는 비단 어른들에게만 해당되는 사항이 아니다. 학교에 다녀야 하는 아이들의 경우에도 아침에 일찍 일어나는 습관이 필요하다. 충분한 수면을 취해야 다음날 학교생활을 하는데 지장이 없기 때문이다. 늦게 자는 아이들의 경우 오전 시간에 졸려하거나 멍하게 있는 경우가 많다. 수업 시간 내내 집중을 하지 못하니 학업 성적이나 학습 태도, 선생님이나 친구들의 평가가 좋을 리 없다.

또 특별한 경우가 아니라면 대부분의 초등학교에서는 8시 30분까지 교실에 그것도 자기 자리에 차분하게 앉아 있기를 요구하기 때문이다(물론 중·고등학교는 조금씩 다르다. 중학교의 경우 8시 20분, 고등학교의 경우 7시 50분까지 등교한다). 이후 시간에 오는 아이들에게는 선생님이 지각했다고 가벼운 벌칙을 주는 경우가 많은데, 아침부터 이런 벌칙을 받으면 기분이 좋지 않아 하루 종일 기분이 엉망이 되기 쉽다.

여기에 하나 더, 한참 자라고 있는 아이들의 경우 성장 문제를 신경 쓰지 않을 수 없다. 성장호르몬은 아이들이 잠자는 시간에 나오는데 주로 밤 10시에서 새벽 2시 사이에 가장 많이 분비된다고 한다. 그러니 우리 아이가 키가 작은 것 때문에 스트레스를 받기를 원하지 않는다면 일찍 재우는 것이 좋다. 그것도 가능한 한 밤 9시나 10시경에는 잠자리에 들게 해야 성장호르몬이 제대로 분비되어 효과를 볼 수 있다.

일찍 일어나려면 당연히 일찍 자야만 한다. 늦게 자고 아침에 일찍 일어날 수 있지만, 그건 어쩌다 한 번 있는 경우이고 여러 날 계속되면 많은 무리가 따른다. 아이가 스스로 잠자리에 일찍 들면 좋겠지만 그런 경우는 거의 없다. 현실적으로 여건이 허락하지 않는 경우가 많기 때문이다.

일단 일하는 엄마아빠의 경우 6~7시가 되어야 퇴근을 한다. 차가 밀리지 않는다고 해도 집에 도착하는 시간이 7~8시경이다. 당연히 저녁 식사는 이후 시간인 7시 30분~8시 30분 사이가 되는 경우가 많다. 식사 후 곧바로 잠자리에 들 수는 없으므로 가족끼리 옹기종기 모여 앉아 텔레비전을 본다든가 하루 동안 있었던 일들에 대해 이야기를 나누다 보면 시계바늘은 10시를 훌쩍 넘겨 11시 또는 12시가 되어버린다. 생활 패턴이 이런 식이니 아이들이 잠자리에 일찍 들기에는 조금 무리다.

하지만 자라나는 아이들을 생각한다면 노력해야 한다. 그것도 아이를 일찍 재우기 위해서 의식적으로 노력해야 한다. 처리해야 할 일들이 남아 있더라면 일단 아이를 먼저 재우도록 하는 것이 좋다. 아이 혼자 씻고 양치질하고 불 끄고 잠자리에 들면 정말 좋겠지만 그렇게 하는 아이는 아마 드물 것이다. 어른들이야 내일을 생각해서 잠이 오지 않더라도 억지로 자려고 노력을 하겠지만 아이들의 경우에는 너무 졸려서 도저히 더 버티지 못할 정도가 되지 않는 이상 스스로 자려고 하는 일은 없다.

그러니 별 수 없다. 조금 불편하고 귀찮더라도 아이가 잠을 잘 수 있도록 집안 분위기를 수면 가능 상태로 바꾸어야 한다. 늦어도 10시 정도에는 어른들도 일단은 하던 일을 멈추고 아이와 함께 잠잘 준비를 하는 것이 좋다. 아이는 잠자러 가는 사이 또는 잠이 든 시간에 텔레비전을 보거나 이야기를 하는 등 엄마아빠가 재미있는 일들을 한다고 생각되면 안 자려고 기를 쓰고 버틸 것이다.

할 일이 태산인데 어떻게 그렇게 하느냐고 묻겠지만 도리가 전혀 없는 것은 아니다. 아이가 잠든 것을 확인한 다음 그때 빨리 해치우는 것이 오히려 더 효율적일 수도 있다. 아이가 깨어 있으면 이것저것 신경 써야 할 일들이 많기 때문에 아이가 잠든 조용한 시간에 집중하면 일을 더 잘할 수 있다.

생각났을 때 일을 미루지 말고 바로 하게 하라

성공한 사람들을 보면 대부분 메모하는 습관을 가지고 있다. 왜 그럴까? 생각나는 것을 바로바로 실천하거나 기록해놓지 않으면 잊어버리기 쉽기 때문에 각자 나름대로 여러 가지 대책을 세웠던 것이다. 그 대책이 바로 생각날 때마다 장소나 시간에 구애받지 않고 메모를 하며 기록을 했던 것이다.

소위 '천재' 또는 '위인'이라 불리면서 성공했다고 평가받는 사람들이 이러할진대 평범한 우리 같은 사람들이야 더 말해서 무엇하겠는가. 생각났을 때 미루지 않도록 바로 행동으로 실천하게 해야 한다. 한 번 미루기 시작하면 끝이 없다. 이런저런 핑계를 대면서 자꾸만 회피하고 싶어지는 게 사람 마음이다. 거짓말한 것을 덮기 위해 또 다른 거짓말을 계속해서 해야 하는 것처럼 한 번 미루면 일은 일파만파로 걷잡을 수 없이 커진다.

그러니 생각났을 때 바로바로 하게 하는 습관을 들여야 한다. 지금 해야 할 일을 다음으로 미루지 않도록 해야 한다. 사정이 여의치 않으면 그때에는 메모를 해두었다가 잊어버리지 않도록 하고, 여건이 될 때 되도록 빠른 시일 내에 할 수 있도록 해야 한다.

해야 할 일이나 준비물들을 미리 챙기는 습관을 들이는 것도 좋다. 미리 챙겨놓고 다음날 다시 한 번 챙길 수 있도록 한다면 꼭 필요한 물건이 없어서 난감한 상황은 벌어지지 않을 것이다. 미리미리 챙기면서 빠진 것은 없는지 차근차근 챙기다 보면 실수를 한다거나 하는 일은 일어나지 않을 것이다.

스트레스 해소를 위해 취미생활을 하게 하라

해외 유명 대학이나 우리나라의 좋다고 소문난 특목고의 경우를 살펴보면 여러 가지 공통점을 발견할 수 있다. 그 중 하나가 바로 아이들 대부분 아니 전원이 '1인 1악기'를 다룰 줄 안다는 것이다. 악기를 다루지 못하면 '1인 1운동'을 수준급으로 할 수 있다는 것이다. 요즘은 여기에서 조금 더 발전되어 학교에서 아예 '1인 1운동 1악기'를 강조하며 자연스럽게 분위기를 유도하고 있는 경우가 많다.

운동을 시키는 것은 어느 정도 이해가 된다. 공부도 결국에는 체력이 받쳐줘야 할 수 있는데, 운동을 통해서 체력 강화를 시키려는 것이라는 짐작이 가능하기 때문이다. 하지만 공부하기에도 바쁜 아이들에게 왜 악기 연주를 필수적으로 시키려고 하는 것일까?

학교 측에서 발 벗고 나서서 아이들에게 운동을 시키는 이유는 체력을 길러주기 위해서이다. 하지만 사실은 악기와 마찬가지로 공부에서 오는 스트레스를 건전한 방식으로 풀 수 있도록 유도하기 위함이 더 크다. 악기를 연주하거나 운동을 하다 보면 어느 정도 시간이 흐르면서부터는 자신도 모르게 그 속에 푹 빠져 있는 것을 느끼게 된다. 그러면서 공부에서 오는 스트레스, 생활하면서 친구들과 또는 가족들과 있었던 사소한 부딪힘이나 다툼 등으로 인한 상처들을 자연스럽게 치유할 수 있게 된다.

정신없이 운동을 하거나 악기 연주에 열심이다 보면 몰입의 기쁨을 느낄 수 있는 동시에 땀 흘린 자만이 맛볼 수 있는 뿌듯함과 성취감을 맛볼 수 있게 된다. 여기에서 맛본 성취감은 아이에게 공부에서나 또 다른 분야에서 자신감을 심어주면서 앞으로 나아갈 수 있는 든든한 밑거름이 되기도 한다. 또 혼자서 악기를 연주하거나 운동하는 경우도 있지만 대부분은 친구들과 함께할 때가 많은데 이런 과정을 통해 남을 배려하는 마음, 다른 사람과 함께 발맞추어 나가는 법 등을 배우게 된다.

악기 연주나 운동 같은 것들은 하루아침에 할 수 있게 되는 것이 아니므로 어릴 때부터 배울 수 있도록 해주는 것이 좋다. 상대적으로 시간이 많이 있을 때 기초부터 탄탄히 배우게 하여 아이가 평생 동안 즐길 수 있도록 해주는 것이 좋다.

이때 주의할 것은 남들이 다 한다고 해서 우리 아이에게도 피아노를 배우게 하는 것보다 우리 아이의 성격이나 취향에 맞는 것을 시키는 게 좋다. 사교성도 좋고 달리기를 잘할 뿐만 아니라 순발력이 뛰어난 아이에게는 11명이 함께 하는 축구를 시키는 것이 좋지만, 마음 맞는 아이들과 지내는 것을 좋아하는 아이에게는 5~6명이 하는 농구를 시키는 것이 좋은 것처럼, 악기도 마찬가지다.

취미라고 해서 반드시 악기를 연주하게 하거나 운동을 시킬 필요는 없다. 한 곳에 오랫동안 앉아서 집중하는 것을 좋아하는 아이의 경우에는 바둑이나 체스를, 창의적으로 만들거나 실험하는 것을 좋아하는 아이라면 로봇과학이나 요리 또는 미술을 배우게 하는 것이 훨씬 좋다.

취미활동을 시킬 때 처음 얼마 동안은 '이거 아니면 안 돼!'라는 생각은 버리고, 이것저것 여러 가지를 경험하게 하는 것이 좋다. 그리고 조용히 지켜보면서 우리 아이 성향과 맞는지 아닌지를 파악한 다음 아이가 좋아하고 엄마가 생각하기에도 잘 맞는다고 생각되면 꾸준히 시키는 것이 중요하다.

자기 일은 아이 스스로 하게 하라

몇 년 전 초등학교 5학년 아들을 둔 엄마를 만나게 되었다. 처음 몇 번은 아이 자랑이 늘어지더니 어느 정도 친분이 쌓이자 고민을 털어놓았다. 5학년이나 되었는데 아직 혼자서 일기 하나 제대로 못 쓴다고 한다. 독서록도 마찬가지여서 날마다 괴로워 죽겠는데 어쩌면 좋겠냐고 하소연하였다. 아이를 몇 번 만나 봐도 별다른 문제점은 발견되지 않았다. 장난기가 좀 심하고 짜증을 잘 부리는 아이이긴 하지만 그래도 공부가 뒤처지는 것도 아니고 그렇다고 생각나는 대로 아무렇게나 행동하는 아이도 아니었다. 그런데 어떻게 이럴 수가 있는지 이해가 되지 않았다. 지금까지 학교에서 계속 일기와 독서록을 검사했을 텐데 그동안은 어떻게 했을까?

나중에 알고 보니 사정은 이러했다. 학교에 입학을 시켰더니 담임선생님이 일기 검사를 하겠다고 하루에 한 편씩 써오게 했다. 처음에는 아이에게 쓰도록 맡겨두었다. 그런데 가만 두고 보니 너무 엉망이어서 엄마가 보다 못해 "그렇게 쓰면 어떡해? 이렇게 써야지" 하며 일기 내용을 불러주었다. 이런 일이 몇 번 반복되자 아이는 일기를 쓰려고 혼자 머리를 싸매고 고민하지 않아도 된다는 사실을 깨달아버렸다. 또 엄마가 부르는 대로 일기를 써서 내면 선생님께 글 잘 쓴다는 칭찬을 받는다는 사실까지 알아차렸다.

아이는 일기나 독서록 숙제가 있는 날이면 혼자서 끙끙거리며 쓰려고 노력하는척 하면서 밤늦게까지 버티기만 하면 된다는 사실을 깨달아버린 것이다. 알림장을 볼 때에는 "네가 알아서 해라" 하지만 결국에는 다음날 학교에 가서 아들이 혼날 게 걱정되는 엄마가 두 손 두 발 다 들고 와서는 "어이구 정말 내가 너 때문에 못 살겠다!" 하면서 소리 한 번 꽥 지른 다음 이렇게 써라 저렇게 써라 한다는 것이다. 그래서 영리한 아이는 잔소리 몇 번 듣는 것을 감수하면서까지 버티었던 것이다.

아이 스스로 할 기회를 주지 않았던 엄마는 이 사실을 아이가 고학년이 된 지금까지 까맣게 모르고 있었다. 죽이 되든 밥이 되든 아이가 어렸을 때부터 스스로 일기를 쓰도록 했어야 함에도 불구하고 받아쓰기처럼 부르는 대로 일기를 쓰게끔 해놓고서는 어느 날 갑자기 5학년이나 된 녀석이 일기도 혼자 못 쓰냐고 윽박을 질렀던 것이다. 혼자서 일기 하나를 못 쓰는 게 아이가 못나서 그런 것 마냥 엄마는 불평불만을 하면서 자식을 천하에서 제일 나쁜 아이로 만들어버렸다.

　며칠 전에 만난 엄마는 아이가 중학생인데 버스로 가도 10여 분밖에 안 걸리는 곳에 있는 공부방에 매번 데려다 주고 끝나는 시간에 맞춰 데려와야 해서 힘이 든다고 하소연하였다. 이제껏 아이 혼자서 버스를 한 번도 태워본 적이 없기 때문에 엄마도 아이 스스로도 버스 타고 오갈 생각조차 못하고 있었다. 운동 삼아 걸어가도 20~30분이면 충분한 거리인데도 아이 혼자 보내는 것이 못 미더우니 계속해서 고생해야 할 것 같다고 말했다. 또 다른 엄마는 딸이 이제 막 고등학교 1학년이 되었는데 요즘 너무 힘이 들고 피곤하다고 했다. 왜 그러는가 물어보았더니 고등학교는 중학교보다 등교시간이 30분가량 더 빨라서 일찍 일어나 밥 먹고 가게 하는 것도 힘이 드는데, 아침마다 요즘 유행하는 머리 스타일로 드라이까지 해주기 때문이란다.

　서툴더라도 아이가 스스로 하게끔 해야 부모인 나도 편하고 아이도 조금씩 발전해나갈 수 있는데 이분들은 그러질 못하고 있다. 자기 할 일은 스스로 알아서 하도록 기반을 닦아주어야 하는데 홀로 설 기회조차 마련해주지 않고 있는 것이다. 그러면서 아이 때문에 엄마가 힘이 든다고 불평불만이다. 그 힘든 것이 모두 본인에게서 기인하고 있다는 것은 전혀 생각하지 못하고 있었다.

아이들은 어리기 때문에, 많은 것을 경험해보지 않았기 때문에, 처음 해보는 것이기 때문에 무엇을 하든 서툴기 마련이다. 어설퍼 보이고 못 미더운 것이 지극히 정상이다. 그렇지만, 아니 그렇기 때문에 부모는 아이를 믿어주고 참아주고 기다려주며 아이에게 스스로 할 수 있는 기회를 마련해주어야 한다. 그렇다고 '나 몰라라' 식의 방임을 하라는 말은 절대 아니다. 아이가 위험할 때 또는 혼자 아무리 노력을 해도 잘 안 되어서 도움이 필요하다고 청할 때에만 개입을 하는 방목형 엄마가 되어야 한다.

부모가 보기에 답답하다고 아이가 미덥지 못하다고 대신해주면 아이는 스스로 할 수 있는 것이 아무 것도 없게 된다. 아이가 자라더라도 나이만 먹게 되는 것이지 혼자 할 수 있는 것이 없어서 엄마아빠가 계속 챙겨주어야 하고 대신 해주어야 한다. 어른이 되었다고 어느 날 갑자기 아이가 혼자 하는 법을 저절로 터득하게 되는 것이 아니다.

실패를 통해 배우게 하라

아이가 걸음마할 때 또는 처음으로 자전거를 배울 때가 생각날 것이다. 그때를 돌이켜 생각해보면 아마도 아이가 넘어져 다칠까봐 지켜보는 엄마 마음은 조마조마했을 것이다. 자칫 잘못해 아이가 조금 긁히기라도 하면 엄마 마음이 찢어질 것처럼 아팠을 것이다. 하지만 아이가 한두 번 넘어졌다고 해서 다시 걸음마 연습을 하지 못하게 하거나 자전거를 못 타게 하지는 않았을 것이다. 열 번이고 스무 번이고 아이가 넘어지더라도 엄마는 "괜찮아, 괜찮아"라며 어르고 달래서 다시 걸어보라고 했을 것이다. 오히려 "그러면서 배우는 거야. 다른 사람들도 다 너처럼 그렇게 넘어지고 깨지면서 배웠어"라며 다시 자전거에 앉아 페달을 밟아보라고 말했을 것이다. 왜냐하면 넘어지고 긁히더라도 툭툭 털고 일어나서 다시 도전해야만 걸을 수 있다는 것을, 자전거를 탈 수 있다는 사실을 알기 때문이다. 그렇게 수십 번 실패를 해봐야 아이 스스로 요령을 익히며 마침내 잘 해낼 수 있게 된다는 걸 경험을 통해 알고 있기 때문이다.

다른 것들도 마찬가지다. 아이들은 수없이 넘어지고 깨지면서 자신에게 필요한 것들을 배운다. 그런데도 요즘 엄마들은 아이에게 실패를 경험하게 하지 않으려고 애를 쓴다. 아이의 실패를 인정하려 하지 않을 뿐만 아니라 실패할 만한 상황을 애당초 만들지 않는다. 실패할 시간조차 아까운 것인지, 아니면 아이의 실패가 너무나 가슴 아프기 때문인지 모르겠으나 아이가 성공할 수 있도록 주변 상황을 최적의 상황으로 만들어놓는다. 이렇게 되면 아이 스스로 배우고 익힐 수 있는 기회는 영영 사라져버리는 것인데도 말이다.

이렇게 성공만 경험하도록 아이를 키우니 요즘 아이들은 조그만 실패에도 좌절하고 만다. 툭툭 털고 일어설 줄을 모른다. 손대기만 하면 성공을 했으니 마음먹은 대로 되지 않거나 실패를 하면 위험한 생각을 하는 것이다. 그러니 평소에 아이에게 실패할 수 있는 자유를 실컷 제공해주어야 한다. 아이에게 실패를 경험할 수 있는 권리를 마음껏 즐길 수 있도록 해주어야 한다.

그러기 위해서는 다소 못미덥더라도 아이를 믿고 기다려주어야 한다. 불안한 마음이 들더라도 안쓰러운 생각이 머릿속을 가득 채우더라도 과감하게 아이를 혼자 내보내야 한다. 언제까지나 엄마가 아이를 대신해줄 수 없으니 아이에게 넘어지고 깨지면서 배울 수 있는 기회를 마련해주어야 한다. 한 번도 안 해본 것들이기에 처음 얼마 동안은 살갗이 빨갛게 달아오르고 물집이 생기면서 아프겠지만, 그런 과정을 몇 번만 거치면 그 자리에 굳은살이 박이게 된다. 굳은살이 생긴 부분은 처음의 자극에는 꿈쩍도 하지 않게 되면서 어렵게만 느껴졌던 일들이 쉽게 느껴지게 된다. 이런 식으로 점점 더 단련을 하면 어렵다고 생각했던 일들도 척척 해내게 된다.

그러니 어려운 난관을 만나더라도 아이 스스로 이겨낼 수 있으리라 믿고 옆에서 아이가 하는 대로 지켜봐주면서 기다려주어야 한다. 그러지 않으면 요즘 세간에서 성인이 되었음에도 불구하고 아기캥거루가 엄마 캥거루의 아기주머니 속에 있는 것처럼 부모 밑에서 편안하게 지내려고 하는 '캥거루 족'으로밖에 키울 수 없다는 사실을 명심했으면 좋겠다. 헬리콥터가 목적지 주변을 돌듯이 끊임없이 아이 주변을 서성이는 '헬리콥터 맘'에서 얼른 벗어나 아이에게 믿고 맡길 줄 알아야 한다.

스스로 자신의 몸을 챙기게 하라

요즘 뉴스 보기가 무섭다. 몸서리가 쳐지는 사건사고들이 한두 개가 아니어서 아이들과 함께 뉴스를 보는 게 상당히 꺼려진다. 신문 기사를 살펴봐도 미담보다는 대부분이 거의 흉한 사건들에 대한 보도들이어서 아이들에게 신문 보여주기가 조심스럽다. 워낙 많은 사람이 어울려 살아가기 때문에 사건사고가 없는 날이 없겠지만, 그래도 가능하면 좋은 것만 보여주고 예쁘게 키우고 싶은데 그건 어쩔 수 없는 이상이자 바람일 뿐이다.

아이를 키우는 입장에서 수많은 사건사고 소식 가운데 제일 무서운 것이 '납치'와 '성폭력' 사건들이다. 세상 그 무엇과도 바꿀 수 없을 만큼 소중한 아이를 하루아침에 누군가에게 빼앗긴다고 생각하면 정말 끔찍하다. 그것도 생사를 알 수 없는 상태에서 수백에서 수천만 원의 돈을 요구당하는 상황이 된다면 제 정신으로 버티기는 힘들 것이다. 성폭력 또는 성추행 사건은 더하다. 날이 갈수록 더 많이 들려오기도 하고, 그나마 안전하다고 생각하고 믿고 맡긴 곳에서 자주 발생하기 때문이다. 그래서 어린 아이들에게 이런 무서운 일들에 대비하기 위한 교육을 해야만 하는 게 우리 실정이다. 안타깝지만 우리가 살고 있는 현실이 이러하니 미리미리 대비를 철저하게 하는 수밖에 없다.

정리하는 습관을 기르게 하라

현재 400여 개가 넘는 국내 매장을 운영하고 있고, 국내 피자시장에서 점포 수 기준 1위를 차지하고 있는 '미스터 피자'의 사훈은 바로 '신발을 정리하자'이다. 이 사훈은 2008년 업계 1위를 하면서 사내 공모를 통해서 정해졌다고 한다. 정우현 사장의 '허식이 아닌 겸손, 진심과 정성. 이것이 초일류의 실천이라 믿는다'는 경영 철학과도 일치하는 것이어서 선정되었다고 한다.

중국, 미국, 베트남까지 진출하며 승승장구하고 있는 회사의 사훈 치고는 독특하다 싶은 차원을 넘어 의외라는 생각하는 사람들이 많을 것이다. 고작 신발을 정리하자는 것이 이렇게 큰 회사의 사훈이자 성공 비결이라고 하니 믿기지 않을 것이다. 그런데 신발 정리의 중요성을 이야기한 사람이 또 있다.

『맹자』의 대가인 하금곡 선생이 바로 그분인데, 하금곡 선생은 누구에게나 인생에서 두세 번의 대운이 찾아온다고 했다. 그런데 그 운의 크기는 평상시 그 사람이 얼마나 잘 준비했느냐에 따라서 많이 받을 수도 있고 적게 받을 수도 있다고 말씀하며, 대운을 받으려면 평상시 다음 4가지 조건이 필요하다고 했다. 대운을 받기 위해서는 항상 '말이 적어야 한다, 수식어가 적어야 한다, 얼굴색이 좋아야 한다, 신발을 가지런히 놓아야 한다'를 강조했다.

유명한 글로벌 브랜드들이 장악하고 있는 회사나 동양 철학의 대가로 손꼽히는 분이 왜 신발 정리를 강조하였을까? 신발은 우리가 평소 크게 신경을 쓰지 않는 사소한 물건인데, 이런 사소한 것까지 정리를 잘하는 사람은 몸에 부지런함이 배여 있으며 항상 다른 사람을 배려하는 마음자세와 다음 일을 준비하는 마음가짐을 지니고 있음을 의미하기 때문이라고 볼 수 있다.

아이들에게도 어렸을 때부터 이렇게 자기 물건과 주변을 잘 정돈하는 습관을 길러주어야 하는데, 그 이유는 정리 습관이 아이의 학습과 생활 전반과 깊은 연관성이 있기 때문이다. 물건을 잘 정리하려면 어지럽혀진 상황 속에서 어느 것부터 어떻게 치워야 할지를 먼저 생각해야 하고 생각한 것들을 행동으로 옮겨야 한다. 아이들은 이런 과정을 거치면서 자연스럽게 눈앞에 놓인 문제들을 해결하는 능력을 기르게 된다. 이렇게 당면한 문제들을 해결하는 능력을 키우는 것은 아이의 학업 능력을 향상시키는 계기가 된다.

또한 가방이나 책상, 침대나 자기 방 등 자신이 사용하는 물건이나 생활하는 영역을 스스로 정리하게 함으로써 아이들은 책임감을 기를 수 있게 된다. 자기 할 일은 다른 사람이 아닌 자신이 해야 한다는 사실을 깨닫게 함으로써 자기가 해결해야 한다는 책임의식을 기를 수 있게 된다. 이렇게 자기 책임 능력을 키우면 공부에 관해서도 자기 스스로 해야 하는 것이라고 생각하게 되어 자기주도 학습을 할 수 있게 되는 것이다.

정리 습관은 지금 내가 이것을 정리하지 않으면 앞으로 어떤 상황이 벌어질 것인지에 대해 알게 함으로써 미래를 예측할 수 있게 하는 능력을 길러준다. 지금 내가 이 행동을 하지 않으면 어떤 일이 벌어질지 생각하게 하고, 이를 막기 위해 곧바로 어떤 행동을 취함으로써 대응하는 능력을 기르게 한다는 것이다. 아이들은 이런 미래 예측 능력을 통해 지금 공부를 하지 않는다면 다음에 공부를 할 때 어떤 어려움이나 곤란한 상황이 벌어질 것이라는 생각을 할 수 있게 되어 결국에는 학업의 효율성을 높일 수 있게 된다.

이외에도 정리 습관은 다음에 다시 사용할 때 물건을 어디에 두었는지 몰라 한참을 찾아헤매게 하는 등의 필요 없는 행동을 하지 않도록 하여 시간 절약의 효과를 얻을 수 있다. 또 사용한 물건을 잘 정리해둠으로써 다음에 그 물건을 사용하게 될 사람을 생각하며 배려하는 마음을 키울 수 있고, 귀찮거나 급하다고 아무렇게나 행동하지 않도록 자기 자신을 관리할 수 있게 해준다. 이렇게 정리하는 습관을 통해 주변과 자신을 찬찬히 둘러보며 차분하게 보살피면서 사회생활의 기본을 다지는 효과를 얻을 수 있다.

그러므로 엄마들은 아이에게 "공부할 시간도 부족한데, 이런 걸 왜 네가 하니? 너는 공부만 해. 공부만 하면 나머지는 엄마가 다 알아서 해줄 테니 너는 아무 것도 신경 쓰지 마"라고 하지 말고 "네가 사용하는 공간은 네 스스로 정리해라", "네 물건은 네가 직접 챙겨라"고 해야 한다. 크고 작은 자기 물건들, 자기가 생활하는 공간을 하나씩 정리하고 챙기는 습관을 통해 아이가 자기가 할 일은 스스로 알아서 하게 하고 문제점들을 해결해나가면서 자기주도적인 삶을 살 수 있도록 해주어야 한다.

용돈은 계획적으로 짜임새 있게 쓰게 하라

우리나라 속담에 '부자는 망해도 3년 먹을 것은 있다' 또는 '부자가 망해도 3년은 간다', '부자는 망해도 3대 간다'는 말이 있다. 부자는 넉넉하기 때문에 아무리 망했다고 해도 여기저기에 먹을 것이 많아 3년 정도는 충분히 별 탈 없이 살 수 있다는 뜻이다. 물론 이런 경우도 있지만 그렇지 못한 경우도 많다. 특히 자수성가한 분들이나 갑자기 가지고 있던 땅값이 올라서 부자가 된 분들 가운데에서 자식 교육을 제대로 시키지 못해 어렵게 모은 재산을 한꺼번에 날리게 되는 경우도 종종 볼 수 있다. 그만큼 경제 교육이 중요하다는 이야기다.

다른 분야의 교육도 중요하지만 특히 경제 교육은 아주 중요하다. 아이들이 어렸을 때 돈에 대한 올바른 개념을 잡고 효율적으로 관리하는 습관을 어떻게 들이느냐에 따라 남은 평생이 결정된다고도 할 수 있다.

게다가 일하는 엄마들은 물질적으로든 정신적으로든 아이에게 항상 미안한 마음을 가지고 있는데 그걸 용돈이나 선물 등으로 보완하려는 경향이 있어 각별히 더 신경을 써야 한다. 전업주부들보다 용돈을 넉넉하게 주기 때문에 아이들의 버릇이 나빠지기도 하고, 친구들 관계가 오히려 더 나빠지기도 하며, 그릇된 경제 관념을 가지고 있는 경우가 많다.

그렇다면 어떻게 하면 경제적인 개념을 올바르게 세워줄 수 있을까? 아이들에게 집안일을 돕게 하면서 땀 흘려 일하는 노동의 소중함을 깨닫게 하는 것도 좋고, 엄마아빠가 일하는 곳을 보여줌으로써 가족을 위해 힘들게 일하는 엄마아빠의 노고를 느끼게 하는 것도 좋다. 하지만 그것보다 더 권하고 싶은 것은 어릴 때부터 아이에게 용돈 기입장을 쓰는 습관을 들이게 하는 것이다.

처음부터 용돈을 어떻게 쓸 것인지 계획을 세우고 한 달이 지난 뒤 예산을 세운 것과 실제로 용돈을 어떻게 썼는지 비교하면서 분석하기는 쉽지가 않다. 그렇기 때문에 처음 몇 달 동안은 용돈을 어디에 얼마를 썼는지 기록하는 정도로만 하고, 이것이 완전히 습관화되면 그때는 어떤 쪽으로 용돈을 쓰고 있는지를 분석해보도록 하여 다음달 예산을 잡을 수 있도록 가르친다.

용돈을 줄 때에는 주기를 먼저 정해야 하는데 우리 아이가 평소 신중한 편인지 즉흥적인지를 보고 결정하면 된다. 아이의 연령이나 성격에 따라 용돈을 매일 조금씩 나눠서 줄 수도 있고, 한 주 단위나 한 달 단위로 줄 수도 있다. 이렇게 용돈을 줄 때에는 아이를 직접 은행에 데려가 아이 명의로 된 통장을 개설해주어서 저축하는 습관을 길러주는 것도 좋다. 저축하는 습관을 기르기 위해서는 쓰고 남은 용돈의 일부분을 저금하는 것이 아니라 용돈을 받았을 때 바로 얼마를 떼어 저금부터 하도록 알려주어야 한다. 가능하다면 처음부터 용돈을 3등분해서 그중 1/3은 저금하고, 다른 1/3은 나보다 어렵고 힘든 다른 사람을 위해 기부하도록 하고, 남은 1/3은 자신을 위해 사용하는 습관을 들이게 하는 것이 바람직하다.

매일 밤 자기 전 내일 할 일의 목록을 작성하게 하라

일하는 엄마는 할 일이 많다. 신경 쓸 것도 많고 챙길 것도 많고 기억해야 할 것도 많다. 이런 일하는 엄마가 조금이라도 아이를 쉽게 키우려면, 그러면서도 효과적으로 잘 키우려면 아이와 엄마 사이에 일정한 시스템을 정해놓는 것이 꼭 필요하다.

처음 시스템을 만들 때에는 필요한 것을 만드는 과정이지만 번거롭다는 생각이 더 많이 들 수 있다. 사람들은 원래 익숙한 환경을 편안하게 여기기 때문에 변화하는 게 싫어 전처럼 지내고 싶은 마음이 더 크게 작용할 수 있다. 하지만 일단 시스템이 틀을 완전히 갖추고 거기에 적응하고 나면 모든 게 한결 수월해진다. 매번 따로 신경 쓸 필요 없이 가끔씩 아이가 했는지 안 했는지 확인만 하면 되기 때문이다.

문제는 일하는 엄마가 아이를 효과적으로 잘 키우려면 어떤 시스템이 필요한지를 알아야 한다는 것이다. 바쁜 엄마와 아이에게 필요한 시스템은 여러 가지가 있겠지만, 가장 우선적으로 갖추어야 할 시스템은 아이가 자기 할 일을 스스로 할 수 있게 하는 것이다.

이 시스템은 아이에게도 꼭 필요한 것으로, 매일 밤 잠자리에 들기 전(하루 일과가 모두 끝나고 몸과 마음이 모두 편안한 상태라는 의미에서 잠자리에 들기 전이라고 하였을 뿐, 오히려 잠자기 전 졸리거나 나른한 상태보다는 하루 일과를 모두 마치고 편안하게 쉴 때나 심적으로도 신체적으로도 여유 있을 때가 더 좋을 수도 있다) 아이 스스로 다음날 자신이 해야 할 일이 무엇인지 생각해보게 한 다음 하나씩 적어보게 하는 것이다.

아이에게 다음날 자기가 할 일을 적어보라고 할 때 일정을 떠올리며 해야 할 일들을 주루룩 적어나가면 좋겠지만, 대개 그렇지 않은 경우가 대부분이다. 날마다 반복적으로 하는 일임에도 불구하고 아이들은 자신의 할 일이 무엇인지조차 모르는 경우가 많고, 어떤 것들을 어떤 요일에 해야 하는지도 모르는 경우가 대부분이다(이런 현상은 중학년이거나 고학년도 마찬가지이므로 처음부터 우리 아이가 잘할 것이란 기대는 하지 않는 것이 좋다). 이런 경향은 큰 아이건 어린 아이이건 모두 똑같다. 이런 일이 자주 해봐서 습관이 되어 있느냐 그렇지 않느냐에 따라 차이가 날 뿐임을 명심하고, 아이에게 이 일이 하나의 습관으로 자리 잡게 될 때까지 날마다 이 과정을 반복하도록 해야 한다. 아이가 다음날 할 일을 모른다고 해서 엄마가 금방 일러주지 말고 요일이나 날짜, 특별 일정 등을 언급하면서 힌트를 주어서 아이 스스로 생각해내도록 유도하는 것이 좋다. 기억을 전혀 하지 못하는 경우에는 살짝 알려주는 것은 괜찮다.

아이는 이렇게 자기가 다음날 해야 할 일을 반복해서 생각하고 기록하는 연습을 하다 보면 얼마 지나지 않아 자기가 할 일을 점점 인지하게 된다. 뿐만 아니라 여기에서 한 걸음 더 나아가 자기가 할 일을 스스로 찾아 하는 또는 챙기는 아이로 변화하게 된다. 처음 얼마 동안은 번거롭고 귀찮게만 느껴질 수 있지만, 힘이 들더라도 인내심을 가지고 충분히 연습할 시간을 가져야 한다. 시간이 흐른 뒤 습관이 되면 그때에는 엄마가 빠뜨린 일은 없는지 확인하는 정도의 수고만 하면 된다.

우선순위에 따라 움직이게 하라

전날 밤 아이가 다음날 자기가 해야 할 일들을 목록화해두었다면 다음날 아침에는 아이에게 할 일 목록을 다시 한 번 읽어보게 함으로써 머릿속에 각인시키는 것이 좋다. 하루 일과를 시작하기 전 그날 자기가 해야 할 일들을 다시 한 번 인지하게 함으로써 더욱 열심히 그리고 알차게 생활할 수 있게 되기 때문이다.

이렇게 자기가 해야 할 일들이 무엇인지 명확하게 알았다면 어떤 일을 먼저 하고 어떤 일을 나중에 처리해야 할지 우선순위를 정하게 한다. 대개 세상 모든 일에는 상대적으로 더 중요하고 덜 중요한 일도 있고, 긴급하게 처리해야 하는 일과 천천히 해도 되는 일이 있으며 해도 그만 안 해도 그만인 일도 있기 마련이다.

우선순위는 그 일의 중요한 정도와 긴급한 정도를 따져 먼저 해야 할 일과 나중에 해야 할 일을 분류하게 함으로써 정할 수 있다. 엄마가 우선순위를 정해주는 것보다 아이 스스로 중요성과 긴급 정도를 따져 정하게 하는 것이 효과적인데, 가끔씩 엄마가 중요하게 생각하는 것과 아이가 중요하게 생각하는 것이 다르게 나타날 수도 있다. 이럴 때에는 엄마가 보기에는 그다지 중요해 보이지 않는데 아이는 왜 중요하다고 여기는지 그 까닭을 먼저 물어보고 이유를 들어본다. 엄마의 생각을 넌지시 전해주면서 참고하도록 했는데도 아이가 자기 생각을 바꾸지 않는다면 (큰 문제가 없는 한) 될 수 있으면 아이 의견을 있는 그대로 인정해주고 존중해주는 것이 좋다.

중요성과 긴급 정도에 따라 우선순위가 정해졌다면 어떤 일을 먼저 하고 나중에 할 것인지 순서를 정하고 번호를 매긴 다음 다시 한 번 정리하도록 하는 것이 좋다. 그래야 해야 할 일들을 빠짐없이 하면서도 중요한 일, 급하게 처리해야 할 일 등을 놓치지 않고 챙길 수 있다. 또 이렇게 스스로 해야 할 일을 정하고 이를 우선순위에 따라 순서를 정해두면 갑작스레 친구가 놀자고 하는 등의 예기치 못한 일이 생겼을 때 유혹에 넘어가지 않고 자기 할 일을 할 수 있다. 친구가 놀자고 유혹을 하더라도 지금 먼저 해야 할 일이 있으니 조금만 기다려달라고 한다든가, 지금 이 일을 해야 해서 같이 놀기 어렵겠다고 당당하게 이야기할 수 있다.

아이가 우선순위에 따라 해야 할 일을 적을 때에는 되도록 작은 수첩에 적도록 하는 것이 좋다. 여건이 된다면 수첩에 줄이 달려 있어서 목에 걸고 다닐 수 있거나 연필이나 볼펜 등을 끼울 수 있으면 더욱 좋다(이런 수첩은 문구점에 가면 쉽게 구할 수 있다). 크기가 작은 수첩은 들고 다니기 편하여 언제 어디를 가든지 가지고 다닐 수 있으며, 수시로 해야 할 일의 목록을 확인할 수 있어서 좋다. 줄이 있어서 목에 걸고 다니면 잊어버릴 염려가 없기 때문에 좋고, 볼펜 같은 필기도구를 함께 보관할 수 있으면 어떤 일을 하고 난 다음 바로바로 체크할 수 있어 더욱 좋다. 요즘에는 스마트폰에 이런 기능이 있는 어플리케이션이 있으니 적극 활용해보는 것도 좋다.

이렇게 수첩에 아이가 자기 할 일을 적어서 들고 다니면 지금까지 자기가 한 일은 무엇이며, 앞으로 해야 할 일에는 어떤 것들이 남았는지 쉽게 확인할 수 있기 때문에 할 일을 깜빡 잊어버려서 못하게 되는 경우가 줄어들게 된다. 이런 일들이 반복되면서 하나의 습관으로 자리 잡게 되면 아이는 자기 관리하는 법과 시간을 효과적으로 사용하는 법을 자연스럽게 익히게 된다.

아이의 학습 습관 챙기기

매일 책을 읽게 하라

　책 읽기가 공부와는 별개라고 말하는 사람들이 간혹 있다. 책 읽기가 취미인 아이들 가운데 공부를 잘하는 아이도 있고, 그렇지 않은 아이도 있다. 책을 즐겨 읽는 아이들이 반드시 공부를 잘하는 것은 아니라는 것이다. 하지만 공부 잘하는 아이들의 대부분이 책 읽기를 즐겨하고 자주 읽는다. 그 아이들이 하는 이야기를 들어보면 책 읽기가 일상생활에도 많은 도움을 주지만 학교 공부에도 크고 작은 도움들을 준다고들 한다. 그러니 책 읽기가 공부와 아무런 연관성이 없다고 할 수 없다고 말할 수 없다는 것이다.

　책 읽기는 공부와 정말 아무런 연관성이 없을까? 책 읽기가 학교 공부에 미치는 영향력이 전혀 없을까? 의견이 분분하지만 개인적으로 그리고 대다수의 독서지도자들은 책 읽기는 인격 형성 등과 마찬가지로 학교 공부에 직·간접적으로 많은 영향을 미친다고 주장한다.

우선 아이들이 어렸을 때부터 여러 분야의 책을 읽으면 다양한 세계를 접하게 된다. 생활 속에서 벌어지는 크고 작은 일들에서부터 곤충이나 식물 등의 세계, 그 크기를 상상할 수 없는 우주라는 거대 세계까지 매우 다양한 세계를 접하게 된다. 그러면서 넓고 광대한 분량의 배경지식을 쌓게 되어 학교에서 배우는 교과 내용들을 쉽게 이해하고 받아들일 수 있게 하는 효과가 있다.

또 책을 읽으면서 단순히 글자만 읽는 것이 아니라 글자와 글자 사이에, 문장과 문장 사이에 숨어 있는 뜻까지 알아차리게 되면서 이해력이 발달하게 된다. 글쓴이가 이야기를 통해 읽는 이들에게 어떤 말을 하고자 하는지를 깨닫게 되면서 주제를 찾아낼 수 있고, 스스로 교훈을 파악하여 받아들일 수 있게 된다. 아이들의 이해력을 증진시키고 사고력을 발달시키는 발판이 되는 것이다.

각기 다른 성향과 개성을 지닌 작가들이 여러 방식으로 표현하는 각기 다른 글과 그림을 보고 접하면서 아이들은 서로 다른 교과목에 크고 작은 영향을 받을 수 있다. 물론 이런 과정들을 통해 현대 사회가 요구하는 창의력 개발과 표현력 향상에도 큰 도움을 받을 수 있다. 때로는 책 속에 나오는 여러 등장인물이 겪는 수많은 사건사고를 함께 겪으면서 대리만족을 느낄 수도 있고, 그 속에서 자연스럽게 자신의 아픔과 상처를 치료 받거나 위로받으면서 정서적 안정감을 얻을 수도 있다. 또한 이런 과정 들을 통해 다른 사람을 이해하고 배려하는 마음을 배우며 사회성까지 기 를 수 있다.

언어 능력을 기르는 최고의 방법은 뭐니뭐니 해도 독서가 으뜸이다. 책을 읽으면 어휘력이 좋아질 뿐만 아니라 문장의 뜻을 올바르게 이해할 수 있게 된다. 또 글에서 중요한 핵심 부분을 찾아낼 수 있는 능력도 좋 아져 학교 공부에도 많은 도움을 받을 수 있다. 다양한 분야의 책들을 읽 음으로써 생각의 폭을 넓힐 수 있게 되고, 자기 생각을 체계적이고 논리 적으로 전개시킬 수 있는 능력까지 기를 수 있게 된다.

하지만 이 모든 것이 하루아침에 이루어지지는 않는다. 일정 기간 동 안 바짝 신경을 쓴다고 해서 효과를 볼 수 있는 것도 절대 아니다. 그러 므로 아이가 어렸을 때부터 책 읽기를 즐겨 할 수 있도록 꾸준히 신경을 써주어야 한다. 상대적으로 시간적 여유가 많은 초등학생일 때 매일 책 읽는 습관을 꼭 들이겠다는 마음으로 아이가 책을 읽도록 꾸준히 신경을 써주어야 한다.

아침마다 신문을 챙기게 하라

방송가에서 달변가로 소문이 난 방송인 김제동 씨는 몇 해 전 자신의 말솜씨의 원천이 신문과 책에 있다고 말했다. 그는 신문을 두고 "누구보다도 열심히 많은 공부를 해서 치열한 경쟁을 뚫은 쟁쟁한 기자들이 매일같이 세계 여기저기를 뛰어다니며 전날의 수많은 사건사고 소식들 가운데 직접 취재해 중요한 것들만 골라서 기사로 쓰고, 그것도 모자라 데스크에서 다시 한 번 그 가운데 가장 핵심적인 것과 중요한 것만 뽑아서 만든 새 소식 묶음을 매일 아침 집 앞에 가져다준다. 이것은 축복과도 같은 일이다"라고 했다.

"신문은 잘 차려진 아침 밥상과 같다"는 김제동 씨는 그래서 평소 3종류의 신문을 정기구독해서 본다고 한다. 그가 이렇게까지 하는 이유는 "어느 날 아침에는 집 앞에 부시 대통령이 와서 기다리고 있고, 또 어떤 날은 노무현 대통령이 와 있다. 또 신문을 통하면 평생 가도 만나볼 수 없을 것 같은 아프가니스탄의 어린 아이들도 볼 수 있다. 이를 보지 않고 그냥 지나친다면 엄청난 금전적 손실이 난다"라고 밝혔다. 김제동 씨가 이렇게까지 신문 읽기의 중요성을 강조한 까닭은 무엇일까? 김제동 씨가 지금처럼 유명한 달변가가 될 수 있었던 것은 바로 다양한 분야에 걸친 독서와 신문 읽기 습관에 있기 때문이다.

신문 읽기는 이런 효과 외에도 아이들에게 신문 기사를 통해 생각의 폭을 넓혀준다. 하지만 흔히들 생각하기를 신문은 어른들이 시사나 사회 돌아가는 현상을 알기 위해 보는 것이라 생각하기 때문에 아이들에게 신문 보기를 권하는 어른들은 별로 없다. 일부이긴 하지만 세상이 워낙 무섭기도 하고 끔찍한 사건사고 소식들이 많아서 자라나는 아이들의 정서에 좋지 않다는 이유로 신문이나 뉴스를 아이들에게 일부러 보여주지 않으려는 경우도 있다.

하지만 개인적으로는 아이들이 어렸을 때부터 신문 보는 습관을 길러주는 것이 좋다고 생각한다. 지구상 여기저기에서 일어나는 이야기들을 통해 넓은 세계관을 갖게 될 뿐만 아니라, 각양각층의 사람들의 사는 모습을 통해 다른 사람을 이해하게 되며 배려하는 마음을 기를 수 있게 해주는 등 좋은 점이 더 많다고 생각하기 때문이다.

아이에게 신문 보는 습관을 길러주려면 아이가 혼자서 현관문을 열고 나갈 수 있을 때부터 신문을 갖고 들어오는 심부름을 시키는 것이 좋다. 가능하다면 아니, 될 수 있으면 유치원 다닐 때부터 아이를 위해 어린이신문을 따로 정기구독할 것을 권한다. 유아에게 신문을 읽게 하는 것은 너무 이르지 않냐 할지 모르지만, 결코 이르지도 않다. 또는 유치원생이 어떻게 신문을 읽고 이해하느냐고 반문하면서 무슨 효과가 있느냐고 반문하겠지만, 결코 헛수고가 아니다.

신문을 정기구독해도 아이가 처음 신문을 보면 몇 가지 과정을 거치기 때문에 어른들처럼 신문기사를 제대로 보려면 적어도 1~2년은 걸린다. 신문을 접한 지 얼마 안 된 아이들은 광고에 나온 책이나 장난감 사달라고 보채고, 그 단계를 넘어서면 만화만 골라서 본다. 그리고 나서야 신문을 뒤적거리면서(그래봤자 아이들은 신문은 7~8면 정도밖에 안 되지만) 마음에 드는 기사 한두 개 겨우 읽다가 꼼꼼하게 여러 기사를 읽으며 제 생각과 의견을 펼칠 수 있게 되고, 사회 전반에 관심을 기울이기 시작한다.

어릴 때부터 아이들에게 신문을 보게 해야 한다고 하는 까닭은 어린 아이가 신문을 제대로 읽기 위해서는 이렇게 오랜 시간이 걸리기도 하고, '고기도 먹어본 사람이 맛을 아는 것'처럼 신문을 어릴 때부터 자꾸 접해봐야만 신문 보는 것을 당연한 것으로 여기고 제대로 읽을 수 있으며 그 속에서 참 재미를 느낄 수 있기 때문이다.

신문 기사를 보면서 아이는 사회, 자연, 정치, 경제 등 여러 분야에 대한 배경 지식을 쌓게 되는데, 이는 학교 공부에 많은 도움이 된다. 특히 학년이 올라가면 올라갈수록 여러 과목에서 큰 도움을 받게 된다. 또 신문이나 책에서 쓰는 어휘들은 일상생활 속에서 사용하는 것들과 다른 경우가 많아 아이들의 어휘력이나 언어 능력을 향상시키는 데 효과가 있다. 함께하는 시간이 상대적으로 적은 일하는 엄마 입장에서는 아이와 공통된 이야기 소재를 가질 수도 있고, 서로의 생각과 의견을 나누면서 논술 실력도 쌓을 수 있다.

아이가 어느 정도 자라 중학년에서 고학년이 되어서 신문 읽기에 어느 정도 익숙해지면 아이들은 따로 권하지 않아도 어른 신문을 스스로 넘겨보면서 아는 척하는 날이 온다. 그럴 때는 어른 신문을 함께 보아도 좋다.

학습 계획을 세우게 하라

　기분 내키는 대로, 발길 닿는 대로 다니는 것보다 언제까지 어느 곳에 가겠다고 정하고 여행을 하는 것이 훨씬 빨리 그리고 쉽게 목표 지점에 도달할 수 있다. 이와 같은 이치로 아이가 그날그날 기분에 따라 공부를 했다가 안 했다가 하는 것보다 매일 규칙적으로 공부하게 하는 것이 효과적이다. 가능하다면 나름대로 학습시간이나 분량을 체계적으로 계획해서 꾸준히 공부하면 더욱 큰 효과를 볼 수 있다.

　특히 초등학생(중학생도 마찬가지) 아이에게는 효과적인 공부 방법을 익혀서 그것을 따라하게 하는 것보다 매일 규칙적으로 공부하는 습관을 들이는 것이 훨씬 중요하다. 이때 학습 효과를 더 높이려면 효율적으로 시간 관리를 할 수 있도록 하는 것이 좋다. 시간 관리 요령을 아이가 습득할 수 있도록 하려면 플래너(planner)를 활용하여 학습 계획을 짜보도록 하는 것이 좋다.

　학습 계획을 짤 때에 우선적으로 해야 할 일은 1년 단위 또는 한 학기 단위로 장기적인 목표를 세우게 한 다음 그것을 한 달 단위로 나누도록 한다. 그런 다음 이를 1주일 단위로 또 하루 단위로 시간을 쪼개어 계획을 세워 실천하도록 한다. 하루로 시간을 쪼갠 다음에도 시간별로 무슨 과목을 어느 정도 공부할 것인지 세분화시켜 계획을 짜게 한다. 하지만 처음부터 이렇게 하기는 어려우므로 충분히 여유를 가지고 천천히 접근하도록 한다.

플래너를 작성할 때에는 우선 학교나 학원 일정처럼 이미 정해져 있는 (아이가 마음대로 바꿀 수 없는 고정시간) 규칙적인 시간을 먼저 적은 다음, 나머지 시간을 공부를 하거나 독서, 운동 등을 하는 시간으로 적절히 나누어 쓰게 하면 된다. 일단 이렇게 해야 할 일들을 각각의 시간대, 항목별로 크게 나누어 적었다면, 그 안에 어떤 과목을 얼마만큼 공부할 것인지 등에 대해 세부적인 계획을 세우게 한다.

이때 꼭 기억해야 할 것은 플래너만 잘 쓴다고 해서 시간을 효율적으로 관리할 수 있는 건 절대 아니란 것이다. 플래너에서 계획을 잘 세우는 것보다 더 중요한 건 플래너에 적은 내용대로 실천하려고 노력하는 것이다. 어릴 때부터 이 같은 방법을 꾸준히 실천해 습관화하면 공부뿐만 아니라 일상생활의 다른 일들을 할 때에도 시간을 계획적이면서 효과적으로 사용할 수 있게 된다.

배운 내용을 생활에 적극 활용하게 하라

어렵고 힘들게 공부를 해보지만 아이들은 우리가 생활하는 가운데 공부한 내용이 그다지 쓰이지 않는 것처럼 느낀다. 아이들이 보기에는 복잡하고 골치 아픈 수학도 기껏 해봐야 물건 사고팔 때 돈을 계산하는 데 쓰는 정도이고, 알쏭달쏭한 과학이나 외울 것이 많은 사회도 일상생활과 큰 연관성 없어 보일 수 있다. 그래서 아이들은 공부하기 싫을 때 "공부하면 뭐해요? 써먹을 데도 없는데. 필요도 없는 공부는 왜 해야 해요?"
라는 질문을 자주 한다.

하지만 사실은 그렇지 않다. 아이들이 생각하는 것과 다르게 일상생활
에서 학교에서 배운 내용들을 바탕으로 생활하고 있는 순간들이 다반사
다. 세계화 시대에 살고 있기 때문에 외국으로 나가지 않아도 우리나라
곳곳에서 외국인을 접할 기회가 빈번하며, 수학적 원리와 과학적 원리에
의해 만들어진 물건들을 수없이 많이 사용하고 있다. 우리가 의식하지
못하거나 미처 깨닫지 못할 뿐이다.

예를 들면 수학은 간단하게 거스름돈을 주고받을 때, 또 단체 여행 갔
을 때 입장권이나 교통비를 계산할 때에도 사용된다. 길을 걸어가다 흔
히 볼 수 있는 맨홀 뚜껑이 세모도 네모도 아닌 동그란 원 모양을 하고
있는 것도, 건물을 새로 지을 때 신축 건물의 높이에 따라 기존 건물의
조망권이 달라지는 것도, 어떤 사람이 살이 쪘는지 안 쪘는지를 측정하
는 비만도를 계산할 때에도 수학이 응용되고 있다. 이외에도 꽉 끼어 빠
지지 않는 컵 두 개를 빼는 방법이나, 물 속에서보다 물 밖에서 물건의
무게가 더 무겁게 느껴지는 이유나 우주로 로켓이나 위성 발사할 때 속
도 조절이나 비행에 적절한 무게 측정, 구름의 양에 따라 달라지는 비의
양 예측 등에도 여러 분야의 과학적 원리가 적용된다.

학교에서 배우는 내용들이 이처럼 우리 일상생활 곳곳에서 활용되고
있음을 느낀다면 아이들은 공부의 필요성을 확실하게 깨달을 수 있을 것

이다. 아이 스스로 생활 속에서 수학적 원리, 과학적 원리를 발견할 수 있도록 도와준다면 분명 공부하는 재미도 느낄 수 있을 것이다. 그렇게만 되면 아이는 엄마가 공부하란 잔소리를 하지 않아도 스스로 공부하려고 할 것이다.

아이 키우는 부모라면 누구나 원하는 이런 상황을 어떻게 하면 만들 수 있을까? 이 일은 학교에서 배운 내용들을 일상생활 속에서 바로바로 응용하여 활용할 수 있게 도와준다면 충분히 가능하다. 학습에 대한 부담감도 줄어들면서 본인이 알지 못하는 새로운 사실들에 대한 호기심도 커지게 할 수 있다.

방법은 간단하다. 학교에서 수학 시간에 대칭에 대해 배웠다면 데칼코마니나 거울 등을 통해 대칭이 되는 걸 직접 눈으로 확인하게 해주면 된다. 그런 후 주변에서 그런 대칭이 되는 것들을 찾아보게 하거나 스스로 대칭을 이용한 물건을 만들어보게 하면 된다. 과학 시간에 식물들의 열매와 그에 따른 번식 방법에 대해 배웠다면 밖으로 나가 직접 열매를 보고 만져보면서 확인하면 된다. 그런 다음에 그 열매의 씨앗이 어떤 방법으로 번식을 하는지 찾아보게 하면 된다. 민들레꽃이 지고 난 뒤 홀씨가 잘 날아가도록 입으로 '후~' 불어보게도 하고, 단풍나무 씨앗을 손바닥에 끼워 빙그르르 돌려보게도 하면 좋다. 그러면서 바람의 힘을 이용해 멀리까지 가는 민들레 홀씨를 응용해 만들 수 있는 것은 어떤 것이 있는지, 단풍나무 씨앗처럼 빙글빙글 돌면서 멀리까지 이동할 수 있는 물건에는 어떤 것들이 있는지 등을 아이가 직접 생각하고 고민해보게 하는 것이다.

궁금한 것은 반드시 직접 찾아보게 하라

요즘은 스마트폰으로 검색 몇 번만 하면 웬만한 건 다 알 수가 있다. 인터넷이 워낙 발달되어 있어서 굳이 두꺼운 책을 한 장 한 장 넘겨가며 찾지 않아도 수분 내 알고 싶은 것에 대한 정보를 수두룩하게 얻을 수 있다. 덕분에 책이 팔리지 않는다고 한다. 원래도 우리나라 국민들의 독서 수준이 낮고, 일 년에 한두 권 읽을까 말까 하는 수준이었지만 스마트폰 덕분에 이마저도 읽지 않는다고 한다. 정말로 전에는 지하철이나 버스를 탔을 때 간간히 보이던 책 읽는 사람들이 이제는 눈 씻고 찾아봐도 잘 보이지 않는다. 모두들 약속이나 한 듯이 손 안에 작은 세상 스마트폰만 쳐다보고 있다.

하지만 이렇게 스마트폰이나 인터넷에서 찾을 수 있는 지식들은 대부분이 얕은 지식들이다. 그 중 틀린 답이 절반 이상이다. 조금은 수고스럽더라도 책을 찾아보는 게 훨씬 더 정확한 답을 얻을 수 있고 오랫동안 확실하게 기억할 수 있다. 이는 아이들이 공부할 때도 똑같이 적용된다. 들고 다니기에 불편할지 몰라도 또 모르는 단어를 단번에 찾을 수 없어 다소 귀찮고 번거롭더라도 전자 사전보다는 종이 사전을 이용하는 것이 학습 효과 면에서는 훨씬 효과적이다.

아이가 종이 사전 찾는 것에 익숙하게 하려면 엄마아빠부터 모범을 보여야 한다. 궁금한 것이 생길 때마다 관련 분야 책을 펼쳐들고 뒤적거리는 모습을 보여야 한다. 아이가 어렸을 때부터 자연스럽게 보고 자라도록 백과사전을 펼쳐놓고 하나씩 찾아보는 모습을 보여야만 한다. 아이가 '모르는 것, 궁금한 것이 있을 때는 책을 찾아봐야 하는구나'라는 생각을 가질 수 있도록 말이다.

아이가 예닐곱 살이 되면 정말 많은 것을 물어오는 동시에 답하기 어려운 것들을 물어오기 시작한다. "엄마, 하늘은 왜 파란색이에요?", "하늘의 별은 왜 밤에만 반짝여요?" 등과 같은 과학적인 질문에서부터 "사람이 죽으면 어떻게 돼요?", "아기는 어디에서 와요?"와 같은 철학적인 질문까지 아이가 물어오는 질문은 그 종류도 범위도 끝없이 넓어져서 부모로서는 감당하기 벅찬 수준이 된다.

처음에야 아는 범위 내에서 정성껏 대답을 해주지만 엄마아빠 입장에서는 시간이 지날수록 수없는 질문 공세를 시달리게 되면 엄마를 괴롭히려고 아빠를 골려주려고 물어보는 것처럼 생각될 때가 종종 있다. 그래서 "몰라도 돼", "쓸데없는 소리 하고 있네"라는 식으로 얼버무리거나 무시하는 경우가 종종 생긴다. 아이는 정말로 알고 싶은 마음 때문에 끊임없이 솟아나는 호기심을 충족시키고 싶기 때문에 진심으로 물어보는 것인데 말이다. 물론 하나하나 대답을 다 해주자니 끝이 없어 보이기도 하고, 자신이 알고 있는 것에 한계가 있어 대답을 해줄 수 없는 것들이 점점 많아져 곤란해지기 때문일 수 있다.

그럴 때 솔직하게 그냥 "이건 엄마도 모르는 거야. 왜 그런지 같이 찾아보자", "음, 아빠도 그건 왜 그렇게 되는지 궁금하네. 여기에 답이 있는지 한 번 찾아볼까?" 하면 간단히 해결되는데 아이를 이상한 아이처럼 취급하며 구박하고 만다. 그런 일이 몇 번 반복되면 아이는 더 이상 궁금해하지 않게 된다. 알고 싶어 하는 마음이 사라지니 당연히 공부하고 싶은 생각도 없어지는 것이다.

아이에게 공부하라고 잔소리하지 말고 궁금한 것이 생길 때마다 백과사전을 찾아보는 습관을 길러주는 것이 좋다. 백과사전은 아이의 공부방보다는 가족이 주로 많이 머무는 거실에 놔두는 것이 좋다. 궁금한 것이 생길 때마다 볼 수 있도록 말이다. 이런 습관들은 따로 돈을 들이지 않아도 아이가 스스로 공부하는 습관을 길러준다. 요즘 입학사정관제 때문에 인기 있는 스스로 공부법인 '자기주도적 학습 습관'을 저절로 갖추게 되므로 적극적으로 실천하도록 해줘야 한다.

지도를 적극 활용하라

오지 탐험가로 자신의 경험담을 책으로 써서 베스트셀러 작가가 된 한비야 씨는 세계 곳곳을 누비는 월드비전 긴급구호팀장으로 일하였고, 외

교통상부 개발협력 자문위원, UN중앙긴급대응기금 자문위원, 한국국제협력단 자문위원, 이화여대 국제대학원 초빙교수 등으로 활동했다.

과거의 여러 화려한 경력들을 거쳐 지금은 월드비전 세계시민학교 초대교장으로 임명되어 활발한 활동을 하고 있다. 그런 한비야 씨가 어렸을 때 집안 한쪽 벽면에 세계지도가 항상 붙어져 있었다고 한다. 한비야 씨는 그 지도를 보면서 지금처럼 전 세계를 누비고 다니고 싶다는 희망을 품었고 꿈을 싹틔우며 키워나갔다고 한다.

우리 아이들에게도 이렇게 세계를 가슴에 품을 수 있도록 해주어야 한다. 지금 살고 있는 곳에서 벗어나 더 큰 세상을 꿈꾸도록 해주어야 한다. 글로벌 시대니 지구촌이니 하는 이 시대를 살아가면서 넓은 세상을 대상으로 자신의 꿈을 마음껏 펼쳐나갈 수 있도록 말이다. 지도를 보면서 한비야 씨처럼 세상의 힘들고 가난한 사람들을 위해 일하라는 꿈이 아니어도 괜찮다. 세계지도를 보면서 자신이 가진 역량을 마음껏 발휘할 수 있도록 꿈과 희망을 품을 수 있으면 그것만으로도 좋은 일이고 충분한 가치가 있다.

또 세계지도나 지구본 등을 가까이에 두고 언제든지 찾아볼 수 있게 하는 것이 좋다. 텔레비전이나 신문, 책 등을 보면 다른 나라 이야기를 종종 접하게 된다. 그럴 때마다 지도나 지구본에서 찾아보도록 유도해야 한다. 지도를 통해 아이들은 공간 감각도 기를 수 있고, 내가 살고 있는 이곳이 세상의 전부가 아님을 깨닫게 된다.

커다란 지도 속에서 아이들은 우리 집, 우리 마을, 우리 지역, 우리나라 등을 찾아보면서 자신이 커다란 세계의 일부분임을 깨달을 수 있다. 아이들에게 지금 내가 서 있는 이 자리가 전부가 아니라는 것을 깨닫게 해주는 동시에 나와 다른 삶을 살고 있는 사람에 대해 생각해보게 하는 것이 필요하다. 세계화 시대, 지구촌 시대를 살고 있기 때문에 자신과 직접적인 연관성이 없는 곳에도 관심을 가져야 한다. 그래야만 다른 것이 틀린 것, 나쁜 것이 아니라는 것을 깨닫고 서로 다름을 인정하고 받아들일 수 있게 된다.

내 것만 고집하지 않고 다른 사람의 생각, 다른 방식들을 인정하고 받아들일 수 있고, 그것을 통해 더욱더 발전할 수 있다. 나와 다른 곳에서 다른 방식으로 살아가고 있는 사람들에 대해 관심을 갖게 되면 자연스레 그 사람들의 사고방식과 생활방식, 문화 등에 대해 알고 싶어지고, 그 사람들에 대해 공부를 하다 보면 조금씩 이해하게 되고 인정할 수 있게 된다. 그리고 자신과 다른 식으로 생각하거나 생활하는 사람, 자신과 다른 방식이나 다른 주장을 하는 사람들도 받아들일 수 있게 되며, '나와 다른 것이 틀린 것이 아님'을 깨닫게 되어 서로가 서로를 도와줄 수 있게 되는 것이다. 현대 사회가 바라는 모습으로 조금씩 발전해나갈 수 있다.

잘난 척할 기회를 마련해주어라

혼자서 두세 시간 동안 이런저런 이야기를 늘여놓다 보면 목이 아프고 따가울 때가 많다. 강의 중간 쉬는 시간에도 개인적인 질문을 해오는 사람들 때문에 잠시도 앉지 못하니 다리가 터질 듯이 아플 때도 많다.

그러다가도 "오늘 입은 빨간 원피스 너무 잘 어울리세요", "설명을 눈높이에 맞춰서 알아듣기 쉽게 해주시니 강의 내용이 귀에 쏙쏙 들어와서 너무 좋은 시간이었어요", "평소에 늘 궁금하고 걱정스러웠던 부분인데 콕 찍어서 이야기해주시니 가려운 데 긁은 느낌이에요. 덕분에 속이 시원해졌어요" 같은 칭찬을 들으면 힘든 것을 싹 잊어버리게 된다. 매번은 아니지만 가끔씩 듣게 되는 이런 칭찬 때문에 기꺼이 강의를 하러 여기저기를 돌아다닌다. 칭찬이 지닌 힘 때문이다.

일부에서는 '칭찬의 역효과'에 대해서 이야기하기도 하지만, 그럼에도 불구하고 칭찬의 효과에 대해서는 부정할 수가 없다. 칭찬이 주는 효과가 상당히 크기 때문이다. 특히 자라나는 아이들에게 칭찬이 미치는 영향은 상상 그 이상이다. 그러므로 교육적 효과를 얻을 수 있도록 아이들에게 자주 그리고 가능한 한 많이 칭찬을 해줄 수 있도록 환경을 제공해주는 것이 좋다.

아이들의 경우 엄마아빠로부터 칭찬을 받는 것도 좋지만, 가족 이외의 사람들에게 칭찬을 받게 하면 더 큰 효과를 얻을 수 있다. 그렇다면 우리 아이가 다른 사람들에게 칭찬을 받게 하려면 어떻게 해야 할까? 아이가 잘난 척할 수 있는 자리를 마련해주면 된다. 그러면서도 의식적으로 아이가 칭찬을 받을 수 있도록 기회를 따로 제공해주어야 한다.

예를 들어 아이가 그린 그림 중에서 잘 그린 그림 몇 장을 골라서 거실 벽이나 현관문에 붙여 두고 칭찬받을 기회를 의식적으로 제공해주는 것이다. 이렇게 해놓으면 집에 오는 손님들은 아이의 그림을 우연히 보게 될 것이고, 자연스럽게 누가 그린 그림인지 물어보면서 아이에게 잘 그렸다고 칭찬을 해줄 것이다. 학교에서 받아오는 상장도 액자에 넣어서 한쪽 벽면에 걸어두는 것도 좋다. 벽면을 조금씩 채워가는 상장을 보면서 아이 스스로 성취감을 느낄 수도 있고, 할머니, 할아버지 또는 이웃사람들로부터 자연스럽게 칭찬을 유도할 수 있기 때문이다.

아이가 쓴 글들도 이런 식으로 집안 곳곳에 전시를 해주면 좋다. 엄마 아빠가 자기 작품을 소중하게 다룬다는 사실과 자신을 자랑스럽게 생각하는 것을 보면서 아이는 자신이 존중받고 있다는 생각을 갖게 된다. 또한 다른 사람들로부터 칭찬을 받으면서 자신감을 얻게 되며, 다음에 또 칭찬을 받고 싶다는 생각에 계속해서 노력을 할 수 있는 발판이 되기 때문이다. 아이에게 글재주가 있다면 어린이 신문이나 잡지, 지방 신문 등에 독자투고를 해보도록 하는 것도 좋다. 아이가 쓴 글이 활자화된 것을 보면 아이 또한 색다른 자극을 받아 더욱더 노력할 수 있는 계기가 될 수 있기 때문이다. 이런저런 행사에 참여하여 작은 선물이나 상을 받을 수 있도록 기회를 제공해주어 자신의 실력을 뽐내거나 인정받을 수 있도록 해주는 것도 좋은 방법이다.

교육심리학자들은 다른 사람이 자신에게 관심을 갖고 칭찬을 하며, 자신을 존중해주고 앞으로도 잘할 것이라 기대하는 것을 깨달으면 대부분의 사람들은 자신도 모르는 사이 그 기대에 부응하기 위해 노력을 하게 된다고 한다. 늘 자기 편을 들어주는 집에서뿐만 아니라 다른 사람들과 섞여 생활하게 되는 공동체 속에서 부모나 선생님 또는 친구들이 어떤 기대를 하거나 칭찬을 해주면 아이는 스스로 노력을 하게 된다. 누가 따로 말하지 않아도 자기 스스로 칭찬받고자 또 기대에 부응하는 사람이 되고자 거듭 노력을 하는 것이다. 그리스신화에서 비롯된 '피그말리온 효과'와 제대로 된 칭찬법을 아이에게 잘 적용시키면 큰 교육적 효과를 거둘 수 있으니, 아이가 눈치채지 못하게 칭찬받을 수 있는 기회를 주기 위해 평소 작고 사소한 노력들을 끊임없이 해주어야 한다.

꿈의 목록을 작성하게 하라

사람들은, 특히 IMF를 겪은 뒤 우리나라에서는 많은 사람이 꿈에 대해 이야기하고 있다. 꿈의 중요성을 이야기하면서 너에게도 나에게도 꿈을 가지라고 거의 강요하다시피 하고 있다. 그래서 사람들은 꿈을 가진 사람과 그렇지 않은 사람 사이에는 큰 차이가 있을 것이라고 생각한다. 꿈을 갖고 있기는 하되 혼자서 머릿속으로 생각만 하고 있는 사람과 그

것을 글로 써서 가시화해둔 사람 사이에도 어느 정도 차이가 있을 것이라 미루어 짐작한다.

하지만 꿈을 가진 자와 그렇지 못한 자, 그 꿈을 생각만 하는 것과 목록화하는 것은 어떤 차이가 있는지는 잘 모른다. 아니, 좀 더 냉정하게 이야기하면 그렇게 구체적으로까지는 생각해보지 않았고, 신경 쓰지도 않았을 것이다.

꿈을 가지고 있다는 것은 이루고자 하는 목표를 지니고 있다는 것이고, 목표를 지니고 있다는 것은 언제든지 최선을 다해 노력을 하겠다는 마음의 자세를 가지고 있다는 것을 말한다. 그렇기 때문에 아이에게 꿈을 갖게 하는 것은 매우 중요하다.

꾸준한 체험활동을 통해 진로탐색을 하게 하라

입학사정관제 때문에 어릴 때부터 꿈을 갖고 일관성 있게 꾸준히 활동하는 것이 중요해졌다. 문제는 김연아나 박지성 같은 몇몇을 제외하고는 어릴 때부터 자신이 하고 싶은 일, 장래 희망이나 꿈이 확실한 아이들이 거의 없다. 학교 공교육에 많은 변화가 있었다고는 하나 대부분의 고3 학생들은 여전히 성적에 맞추어 또는 부모의 강요에 못 이겨 대학을 가고 전공학과를 정한다. 지금 부모 세대들이 예전에 학교 다니던 그때 그 시절과 그다지 많은 것들이 바뀌지 않았다.

일부 학교에서는 최근 몇 년 사이에 적성 검사니 진로탐색이니 하는 여러 가지 프로그램들을 도입하여 실시하고 있으나 아직은 많은 것이 미비한 상태이다. 앞으로 (일부 학교에서는 지금 현재) 진로진학 전문상담 교사를 채용하여 아이들 진로나 진학 문제에 많이 신경을 쓰겠다고는 하지만, 온전히 믿고 맡길 수 있는 상황은 아니다. 그러므로 아이가 어렸을 때부터 다양한 체험을 해볼 수 있도록 해야 한다.

어릴 때 우연히 이모가 가져다준 바이올린으로 연습을 하다 그 길로 음악의 세계로 빠져들어 한 우물만 판 결과 지금 어린 나이에 세계적인 지휘자 반열에 올라서게 된 장한나 씨는 극히 드문 경우다. 그러니 한두 가지 시켜보고 "우리 아이는 꿈이 없어"라고 지레 짐작해서 포기하지 말고 꾸준히 여러 가지를 경험하게 해주는 것이 중요하다.

사람은 대부분 경험해보지 않은 것, 접해보지 않은 것, 배경지식이 없는 것에는 관심을 보이지 않는다. 당연히 흥미를 가지지도 않고 가질 수도 없다. 그렇기 때문에 가능한 한 아이들에게 여러 가지를 경험하게 하고 직접 체험해보게 해야 한다. 아이가 이런저런 경험들을 통해서 자신이 무엇을 좋아하고 싫어하는지, 어떤 부분에 관심이 있고 없는지, 자기가 잘할 수 있는 것과 잘 못하는 것은 무엇인지 등을 스스로 깨닫도록 해야 한다. 자신에 대해 많은 것을 알아야 이를 토대로 아이들이 '~이 되고 싶다. 나도 ○○처럼 되었으면 좋겠다'라고 꿈꿀 수 있고, '하면 된다'는 희망도 품을 수 있으며 '해보고 싶다. 하고 싶다'라는 바람을 가지고 '꼭 해내야지' 하는 결심을 할 수 있다.

아무리 체험이 좋다고는 하나 매번 직접 체험을 할 수는 없다. 책이나 동영상, 영화, 텔레비전 프로그램, 신문 기사 등을 통한 간접 체험도 더불어 적극적으로 활용해야 한다. 다만 초등학교 저학년에서 중학년까지는 가능한 아이들이 몸으로 직접 체험하는 기회를 많이 주어야 하고, 힘들더라도 엄마아빠가 같이 해야 한다. 아이가 중학년으로 올라가고 고학년이 되면 그때부터는 모든 것을 다 직접 체험하지 않아도 그동안의 경험을 바탕으로 어느 정도 미루어 짐작하는 능력이 생기게 된다. 이때부터는 간접 체험의 비율을 조금씩 높여간다. 이론적으로는 저학년 때에는 직접 체험 대 간접 체험 비율이 7 대 3 정도가 좋다고 하고, 고학년 때에는 3 대 7 정도가 바람직하다고 하니 참고하길 바란다.

아이들과 함께 가보면 좋을 진로 탐험 체험 장소

키자니아: 유치원생부터 초등학생들까지 가보면 좋다. 아이들이 어리다보니 가능하면 부모가 같이 들어가 아이들이 체험하는 것을 직접 보면서 어떤 분야에 관심을 나타내는지 유심히 살펴보는 동시에 어려워하는 점이 있으면 조금씩 도와주는 것이 좋다. 입장료가 비싸기는 하지만 한꺼번에 여러 가지를 체험하게 하는 것보다는 한 번 방문했을 때 한두 가지만 집중적으로 체험하게 하면서 깊이 있게 경험해보게 하는 것이 훨씬 효과적이다.

잡 월드: 초등학생부터 중·고등학생들이 가보면 좋은 곳이다. 키자니아처

럼 여러 가지 직업을 체험해볼 수 있는데 2012년에 오픈했기 때문에 방학 때에는 한꺼번에 많은 인원이 몰리면 제대로 체험하기가 어려운 상황이 벌어진다고도 하니 주말이나 평일을 이용하는 것이 좋다.

자투리 시간을 활용할 학습 카드를 준비하게 하라

걸어가면서 영어 단어를 외우는 아이를 보면 어떤 생각이 들까? '정말 열심히 공부하는구나' 하는 생각이 들까 아니면 '꼭 저렇게까지 유별나게 공부를 해야 하나?' 또는 '공부하는 티를 팍팍 내는구나' 하는 생각이 들까? 초등학생 저학년 때에는 엄마 성적이라고 할 만큼 엄마가 얼마만큼 봐주고 신경을 쓰느냐에 따라 성적이 달라진다. 그래봤자 한두 개 정도 틀리는 거기서 거기일 뿐이지만 말이다. 중학년을 지나 고학년으로 올라가도 배우는 내용이 그다지 어렵지 않으니 수업 시간에만 집중만 잘해도 그럭저럭 점수가 나온다. 거기에 집에서 복습만 꼼꼼하게 하면, 시험 기간 일주일 전쯤에 벼락치기만 열심히 해도 어느 정도 만족할 만한 성적이 나온다.

하지만 초등학교 고학년을 지나 중학생이 되면 공부량도 늘어날 뿐만 아니라 조금씩 심화학습이 이루어지기 때문에 시험 기간 2~3주 전부터 대비를 해도 웬만큼 공부해서는 성적이 나오질 않는다. 더더군다나 고등학생이 되면 공부 양이나 난이도도 높아지지만 거의 하루의 대부분을 학교에서 보내기 때문에 공부할 시간이 턱없이 부족하다.

누구에게나 똑같이 주어지는 24시간이기 때문에 공부를 잘하려면, 그리고 공부하는 시간을 상대적으로 늘리려면 방법은 딱 하나, 자투리 시간을 잘 활용하는 것뿐이다. 이렇게 말하면 많은 아이가 자투리 시간이 어디 있냐고 되묻지만 고등학생의 경우 무려 하루 3시간이라는 자투리 시간이 있다고 한다. 하루 3시간이면 결코 적은 시간이 아닌데 그 많은 시간을 그냥 흘러 보내고 있으면서 시간이 없다고 투덜대고 있는 것이다.

고등학생이 되었을 때 자투리 시간 활용법을 익히게 하면 되지 않을까 싶지만 이 또한 습관이므로 아이들이 어렸을 때부터 몸에 익히게 해야 한다. 자신도 모르게 자연스럽게 행동하게 하는 습관이 되게 해야 하고, 자투리 시간에 어떤 것을 하면 효과적으로 활용할 수 있는지 스스로 깨닫게 해주는 것이 좋다.

자투리 시간은 대부분 수업 시간과 수업 시간 사이의 잠깐 쉬는 시간, 밥을 먹고 남는 점심시간, 학원 버스를 기다리는 시간, 학교 오가는 시간 등이다. 이 시간에는 아무래도 부피가 큰 것보다는 작은 것, 시간이 오래 소요되는 것보다는 금방금방 해결할 수 있거나 작은 단위로 쪼개서 할 수 있는 활동들이 좋다. 예를 들면 손에 쏙 들어가는 크기의 단어장을 들고 다니면서 영어 단어를 외운다거나 MP3를 이용해서 듣기 연습을 하거나 학교에서 또는 집에서 공부한 내용을 머릿속으로 떠올리며 정리를 하는 것이다(참고: 『자투리 시간 10분이 대학을 바꾼다』, 신성일 저).

아이의 학교 공부 챙기기

자기 전 다음 수업 교과서를 챙기면서 예습하게 하라

많은 학부모가 선행학습에 신경을 많이 쓴다. 누구네 아이는 벌써 어디까지 공부했다더라, 누구는 지금 몇 학년 과정 공부하고 있다더라는 소문에 엄마들이 불안해하면서 아이에게 선행학습을 시킨다. 아직 초등학생인 아이를 바라보며 '우리 아이는 지금 중2 과정 공부하는데' 또는 '조금만 더 하면 고등학교 수학을 할 거야'라는 생각에 뿌듯해하며 은근 자랑하는 엄마들도 있다. 자기 학년보다 1학년 위의 것을 공부하는 것은 대부분 기본으로 생각하고, 공부 좀 한다고 하는 아이들은 3~4학년 위의 것을 공부하기도 한다. 덕분에 방학 때마다 아니 평상시에도 학원에는 다음 학기 또는 다음 학년을 대비하려는 아이들로 북적거리곤 한다.

많은 아이가 자기 학년을 훨씬 앞지르는 선행학습을 하고 있다. 정말 뛰어난 몇몇 학생들을 제외한 일반적인 경우 선행학습의 효과는 미미하다. 아니, 미미하기보다는 오히려 어설피 알고 있는 것을 알고 있다고 착각하게 하는 등 부작용이 더 크다. 그러나 엄마들은 이 사실을 미처 알지 못하거나 인정하기 싫어서 또 그렇게라도 불안감을 달래려고 아이에게 선생학습을 시키는 경우가 많다. 정작 중요한 예습은 시키지 않으면서 말이다. 선행학습보다는 예습이 효과가 오히려 더 크고 확실하다.

예습이라고 해서 거창하게 생각할 필요도 복잡하게 할 필요도 없다. 그냥 학교 가기 전날 밤 다음날 시간표를 보면서 (요즘 아이들은 다음날 무슨 과목을 공부할 것인지 시간표에 대한 개념조차 없는 경우가 많다. 오늘 무슨 과목 수업을 했고 내일 무슨 교과 수업이 들었는지 모르는 아이들이 태반이다. 그러니 교과서 챙기는 것 자체가 다음날 배울 것에 대한 준비 과정이므로 일종의 예습이라고 볼 수도 있다) 교과서 챙길 때 잠깐 내용 확인만 하면 된다. 예습은 교과서를 가방에 챙겨 넣기 전 다음 시간에 무엇에 대해서 배우는지 스르륵 훑어보게 하는 것만으로도 족하다.

교과서를 보면서 '아, 내일 이런 것들을 배우는구나', '어? 이건 내가 모르는 부분인데 선생님이 이 부분 설명하실 때는 집중해서 들어야겠다' 정도로 내용을 파악하면 그것으로 예습은 충분하다. 여기에서 조금 더 욕심을 더 낸다면 본문 내용 가운데 모르는 단어나 용어가 나왔을 때 밑줄을 친다거나 동그라미 표시를 해두고, 사전을 찾아서 그 뜻을 옮겨 쓴다면 아주 훌륭한 예습이 된다.

고학년이라고 해도 수업은 대개 5~7교시까지 이루어지니 가방을 챙기면서 각각의 과목별 교과서를 다 본다 해도 예습을 하는 데 30분도 채 걸리지 않는다. 조금만 신경 쓰면 누구나 할 수 있는 쉽고 간단한 예습 방법이다. 하지만 대수롭지 않게 생각할 수 있는 이 방법은 결코 우습게 여겨서는 안 된다. 매일매일 규칙적으로 해야 하는 일로, 성실함과 꾸준함이 지속적으로 요구하는 일이기 때문이다.

그날 배운 것은 그날 복습하게 하라

학교 공부를 이야기하면서 늘 이야기되는 것 가운데 하나가 바로 '예, 복습의 중요성'이다. 소위 말하는 '공신(공부의 신)'이라고 불리는 상위 1% 아이들에게 물어보면 예습도 중요하지만 그것보다 훨씬 더 중요한 것이 '복습'이라고 한다. 복습 중에서도 '그날 배운 것은 그날 바로 복습해서 완전히 자기 것으로 만드는 것'은 아주 중요한 일이라고 한다.

독일의 유명한 실험심리학자 헤르만 에빙하우스의 기억에 관한 '망각곡선'의 연구 결과에 따르면 일반적으로 어떤 것에 대해 공부를 한 후 1시간이 지나면 50%가량을 잊어버리고, 하루가 지나면 70%, 한 달이 지난 뒤에는 80% 가까이 잊어버리게 된다. 그렇기 때문에 빠른 시간 내에 다시 반복해서 익힘으로써 기억을 가장 효과적으로 유지할 수 있게 된다

247

고 한다.

'복습'이 인지 능력을 기르는 최고의 학습 방법으로 손꼽히는 것은 이런 이유 때문이다. 그 중에서도 '그날 배운 것은 그날 복습하기'는 실제로 공신들이 공부 잘하는 가장 기본적인 비결로 통하며, 공신들이 공통적으로 추천하는 공부 비법이기도 하다. 그날이 지나기 전에 다시 한 번 훑어봄으로써 사라져가는 기억을 되살리는 효과가 있다. 이를 1번, 2번, 3번 반복하다 보면 단기 기억이 장기 기억으로 전환(단기 기억은 수초에서 수분을 넘지 못하지만, 장기 기억은 반복을 통해 기억장치에 저장이 되고 필요할 때 꺼낼 수 있게 된다)되는데, 이런 과정을 통해 배운 것이 완전히 내 것이 되는 것이다.

학교에서 수업 시간에 배운 것을 그날그날 복습을 하면 시간도 많이 걸리고 공부할 분량도 많은 것 같아 힘들 것 같지만 그렇지 않다. 처음 복습을 할 때에는 1시간 걸리던 것이 두 번째 복습을 할 때에는 50분, 세 번째 복습할 때에는 40분, 이런 식으로 반복을 거듭할수록 공부할 분량도 줄어들고 복습하는 데 소요되는 시간들도 점점 줄어들게 된다. 특히 평소에 그날 복습뿐만 아니라 수업이 끝나자마자 복습, 주말 복습, 한 달 복습, 시험 전 복습 등을 실천하면서 기초를 튼튼하게 다지는 식으로 반복해서 공부해놓으면 시험기간에 공부할 분량은 확 줄어들어 큰 효과를 볼 수 있다.

그러므로 아이에게 복습의 중요성을 알려주고 매일 저녁 그날 배운 것을 복습할 수 있도록 하는 것이 좋다. 가능하다면 수업을 들으면서 이해를 하려고 노력하고, 이해가 된 것들은 그 자리에서 바로 외우도록 하는 것이 좋다. 수업 시간에 막연하게 집중해서 듣는 것과 외우려는 시도를 하면서 듣는 것은 그 효과가 천차만별이기 때문이다. 물론 이해가 되지 않은 부분은 따로 표시해두었다가 쉬는 시간이나 점심시간 등을 이용해서 선생님에게 따로 질문을 하여 완벽하게 이해할 수 있도록 한다.

수업 시간이 끝난 뒤에는 책을 덮기 전 그 시간에 배운 내용들 가운데 핵심단어나 문장을 빠르게 한 번 훑어보는 식으로 초간단 1차 복습을 하도록 하고, 집에 돌아와서는 책상에 앉아 본격적으로 2차 복습을 하는 것이 좋다. 2차 복습은 우선 깨끗한 종이에 그날 수업 시간표를 순서대로 쓰게 한 다음, 매 수업 시간마다 배운 내용을 떠올리며 생각나는 것들을 쓰도록 한다. 그런 다음 교과서를 꺼내 자신이 기억하고 있는 것들을 비교하면서 잘못 기억하고 있는 부분들을 수정하고 빠진 부분을 채우도록 한다. 그러면서 다시 한 번 암기하는 것으로 그날 복습을 마친다.

처음에는 이 방법이 힘들 수 있으니 1시간 공부한 내용을 서너 줄 정도로 정리하도록 한다. 1교시당 약 5분 정도 기억을 더듬으며 서너 줄로 요약 정리하는 식으로 하루 30분 정도 투자하면 하루의 복습이 완성이 되도록 말이다. 이런 복습법이 익숙해지면 욕심을 조금 더 내어 그날그날 정리한 복습 내용들을 모아두었다가 주말마다 다시 한 번 복습하게 하고, 또 한 달이 끝나갈 무렵이나 본격적인 시험 공부를 하기 전에 다시 한 번 훑어보며 재차 복습을 하게 하면 더욱 좋다. 별 것 아닌 것 같아 보이는 이 복습 방법은 아주 적은 시간을 들이면서도 좋은 결과를 얻을 수 있는 효율적인 학습 방법이니 꾸준히 실천하도록 한다.

한 단원이 끝날 때마다 학습활동을 직접 풀어보게 하라

요즘 아이들은 수업 시간이 아니면 교과서를 거의 보지 않는다. 학부모들도 마찬가지여서 아이에게 공부를 시킬 때 교과서를 보게 하는 대신 문제집을 풀게 한다. 더러는 참고서인 전과를 보게 하는 경우도 있는데, 이는 잘못된 판단이다.

학교 공부의 가장 기본이면서 중요하게 여겨야 할 것이 바로 교과서이다. 시중에 판매되고 있는 모든 참고서와 문제집은 이 교과서를 바탕으로 만들어지고 있는데 애석하게도 아이들이나 학부모들은 이런 중요한 사실을 잊어버리고 있거나 간과하고 있다.

공부를 잘하고 싶다면, 우리 아이가 공부를 잘하기를 바란다면 앞에서 이야기한 것처럼 교과서를 보면서 매일 예습과 복습을 하는 과정이 꼭 필요하다. 여기에 덧붙여 학교에서 한 단원 공부가 끝날 때마다 잊지 말고 꼭 해야 할 것이 바로 단원 정리 차원에서 끝부분에 마련되어 있는 학습활동을 직접 풀어보게 하는 것이다.

과목마다 학습활동은 조금씩 다르긴 하지만 대부분 그 단원에서 배운

250

내용들을 정리해놓고 있다. 사회 과목의 경우 핵심 사건들이나 내용들을 모아서 정리해놓고 있으며, 과학 과목의 경우 그 단원에서 다룬 실험의 원리나 이론 등이 일상생활 속에 적용되고 있는지, 또한 더 깊이 알아보면 좋은 문제들을 제시하고 있다. 수학의 경우 그 단원에서 배운 정의나 원리 등을 이용하여 풀어야 하는 응용 문제들을 수록하고 있다.

이런 학습활동을 직접 풀면서 그 단원에서 제대로 이해한 것과 이해하지 못한 부분을 스스로 확인하여 보충할 수 있도록 하는 과정은 꼭 필요하다. 그리고 그 단원에서 중요한 부분은 무엇이며 꼭 기억하고 있어야 하는 사실들은 무엇인지 스스로 확인하여 암기하도록 한다.

학습활동에서 다루고 있는 내용들은 대부분 그 단원에서 배우고 익혀야 할 학습 목표와 연관성이 높다. 학습 목표는 그 단원에서 아이들이 반드시 익히고 넘어가야 할 부분으로, 선생님들이 시험 문제를 작성하는 기준이 된다. 어떤 경우에는 학습 목표가 시험 문제로 출제되는 경우도 종종 있다. 학습활동 부분에서 다루고 있는 내용들은 시험 문제에 나올 확률이 굉장히 높으며, 직간접적으로 크고 작은 영향들을 미치고 있다. 그렇기 때문에 한 단원이 끝나면 교과서의 학습 활동 부분을 아이가 직접 풀어보아야 하고, 시험을 보기 전 다시 한 번 꼭 들여다보며 점검해야 한다.

매일 규칙적으로 공부하는 습관을 들이게 하라

부모라면 아이가 어리면 어릴수록 우리 아이가 옆집 아이보다 하나라도 더 알았으면, 또래 아이들보다 뭐든지 한 개라도 더 많이 더 빨리 했으면 좋겠다는 바람을 갖는다. 그래서 남들보다 조금 앞서면 세상 모든 것을 다 얻은 것 마냥 기쁘고 좋아서 하늘을 나는 것 같고, 한 발자국이라도 뒤처진다 싶으면 두렵고 불안한 마음에 안절부절할 때가 많다. 덕분에 잘 크고 있는 아이를 달달 볶으며 엄마도 아이도 힘들어한다. 아이가 글자 하나 더 안다거나 책 한 권 더 읽는다고 해서 크게 달라지지 않는데도 아이가 숨이 차는지 어떤지는 생각지도 않고 부모 욕심에 눈이 멀어 안달복달하며 못살게 굴 때가 많다.

하지만 아이가 지금 당장 글자 한 자 더 안다고 해서 그 아이가 더 큰 인물이 되는 것은 아니다. 초등학교 때 성적이 중학교 때까지 쭉 연결되는 것도 아니고, 좋은 고등학교 진학에 좋은 대학교 입학을 보장해주는 것이 아니다. 이런 사실들은 아이가 어느 정도 크고 나면 금세 깨닫게 된다. 아이에게 장애 같은 큰 문제가 없는 한 나중 가면 그다지 차이가 없다는 것을, 그저 조금 앞서거나 뒤서는 것일 뿐이라는 사실을 말이다. 그런데도 그때 그 당시에는 지금 당장 눈앞에서 벌어지는 일들이 세상 전부인 양 착각하여 조바심 내고 안달을 하거나 뿌듯해하며 자랑 아닌 자랑을 하는 것이다.

아이가 어릴 때 정작 중요한 것은 지금 다른 아이들보다 영어 단어 하나 더 아는 것이 아니다. 공부를 재미있는 것 또는 해볼 만한 것으로 인식하게 하여 매일매일 공부하는 습관을 길러주는 것이 더 중요하다. 1~2주 전부터 밤늦게까지 공부한다고 수선을 떨어서 시험 점수를 잘 받는 것보다 매일매일 꾸준히 공부하는 습관을 들이는 것이 훨씬 더 중요하다. 지금 당장 성적에 얽매이기보다는 일정 분량을 정해서 하루도 빼놓지 않고 규칙적으로 공부하는 습관을 들이는 것에 신경을 써야 한다. 그래야 중학교나 고등학교 갔을 때 공부 습관이 몸에 배게 되어 진짜 필요한 때에 제대로 공부할 수 있다.

어제는 아파서 공부를 못했고 오늘은 손님이 와서 공부를 못하고 내일은 집에 일이 있어서 못하는 식이 되면 안 된다. 그날 기분에 따라서 또는 주변 여건에 따라서 공부를 했다가 안 했다가 하는 주먹구구식으로 공부를 하는 것은 바람직하지 않다. 시험 기간이 다가오면 그때서야 발등에 떨어진 불을 끄기 위해서 벼락치기로 공부해서는 안 된다.

무슨 일이 있어도 그날 공부하기로 한 분량은 그날 공부할 수 있도록 하면서 완전히 습관이 되도록 해야 한다. 정말 너무 심하게 아파서 아무것도 못할 정도가 아니라면 그날 분량은 그날 공부하게 하고, 도저히 불가능한 상황이라면 그 전날 또는 그 뒷날에 해당 분량까지 공부하게 하는 것이 좋다. 물론 하루에 이틀치 분량을 공부하기 힘들다면 2~3일에 걸쳐서 공부할 수 있도록 분량을 적절히 나누는 식으로 계획을 세워서 조금씩 해나갈 수 있도록 하는 것도 좋은 방법이다.

가능하다면 '공부할 시간이네. 공부해야 되겠다'라는 식으로 공부를 의식적으로 의무적으로 하게 하는 것보다 몸이 저절로 반응을 하도록 해야 한다. 그러려면 아무래도 같은 시간대에 같은 장소에서 공부를 하게 하는 것이 도움이 된다. 따로 생각하지 않더라도 그 시간이 되거나 그 장소에 가게 되면 몸이 무조건적으로 작용하며 공부할 준비를 자동적으로 하기 때문이다.

학습할 교재와 분량은 스스로 정하게 하라

공부는 아이가 하는 것이다. 그런데 많은 학습지 회사나 학원들은 아이들이 아닌 엄마아빠를 대상으로 영업을 하고 홍보를 한다. 그 이유는 크게 두 가지이다. 아이들을 대상으로 아무리 홍보하고 영업을 해도 그 일은 헛수고가 되기 십상인 까닭은 아이들은 경제권이 없기 때문이다. 아이들이 아무리 자신이 원하는 학습지로 공부하고 싶다고 해도 또는 원하는 학원에 다니고 싶다고 해도 스스로 비용을 지불할 수 없기 때문에 등록을 할 수 없다. 또 다른 이유는 아이들이 경제적 능력을 가지고 있다고 하더라도 최종적인 판단과 결정은 엄마아빠가 하기 때문이다.

현실이 이러하다 보니 일부 학원이나 학습지 담당자들은 경제적 능력을 가지고 있으면서 최종 결정을 하는 학부모들 마음에 들도록 하는 데 열성인 경우가 많다. 정작 공부를 하는 아이들에게는 신경도 쓰지 않으면서 말이다. 이것은 분명 잘못된 일이다.

육아나 교육을 할 때 학부모들이 항상 명심하며 꼭 지켜야 할 원칙은 무슨 일이 있더라도 그 중심에는 반드시 아이가 있어야 한다는 사실이다. 무슨 활동을 하거나 어떤 결정을 내리기 전에 진짜 아이를 위한 일인지 항상 점검해보아야 한다. 아이 위주로 생각하며 진정으로 아이에게 도움이 되는 일인가를 생각하면서 그 일에 대한 최종적인 결정권은 아이 본인이 가지고 있어야 한다.

아이와 관련된 일은 모두 아이 스스로 결정하게 해야 한다. 그래야 아이가 자신의 결정에 대한 책임감을 느끼고 열심히 하려고 노력하게 되기 때문이다. 아이가 어려서 올바른 판단을 할 수 없다면 엄마아빠가 생각하는 것을 몇 가지 제안을 하고, 그 안에서 아이가 선택을 할 수 있도록 해주는 것이 좋다. 엄마아빠는 아이에게 생각할 시간적 여유를 충분히 준 다음 믿고 기다려주어야 한다.

아이가 어떤 결정을 내렸다면 일단 엄마아빠는 그 결정이 마음에 들지 않더라도 아이의 결정을 존중하고 인정해주어야 한다. 도저히 받아들일 수 없는 결정이라면 일단 아이에게 왜 그런 결정을 내렸는지 아이의 생각과 의견을 먼저 들어보아야 한다. 그런 다음 엄마아빠의 의견과 그렇게 생각하는 까닭을 조심스럽게 제시하면서 의견 조율을 하는 것이 바람직하다.

엄마아빠 마음에는 들지 않지만 그래도 어느 정도 타당성이 있다면 기꺼이 아이의 생각대로 할 수 있도록 해주어야 한다. 하지만 이렇게까지 했는데도 아이가 자신의 생각과 주장을 굽히지 않는다면 그때에는 엄마 아빠의 의견을 더 이상 고집하지도, 아이의 결정을 억지로 고치거나 바꾸려고 하지도 말아야 한다. 그냥 아이의 결정을 있는 그대로 인정하고 받아들여주어야 한다. 아이가 자기 생각대로 실제로 해보면 따로 말하지 않아도 스스로 무엇인가가 잘못 되었다는 것을 금세 깨달을 수 있을 테니까 말이다.

학습적인 면도 마찬가지이다. 어떤 학원을 보낼 것인지, 어떤 문제집으로 공부할 것인지, 얼마만큼 공부할 것인지 등을 결정할 때 항상 아이가 중심이 되어서 아이 위주로 결정을 해야 한다. 절대로 엄마아빠의 욕심이 앞서서는 안 된다. 엄마아빠가 의견을 제시하거나 충고는 할 수 있지만 먼저 판단을 하고 결정을 내려서 아이에게 따르라고 하는 것은 옳지 않다.

그러니 엄마아빠가 좋다고 생각되는 교재를 사서 안길 것이 아니라 아이가 서점에서 직접 여러 교재를 펼쳐놓고 비교하면서 스스로에게 적합하다고 생각되는 교재를 선택하도록 해주어야 한다. 학습 분량도 엄마아빠가 일방적으로 정해줄 것이 아니라 아이에게 하루 또는 일주일 동안 공부하기에 적당하다고 여겨지는 분량은 어느 정도인지 고민해보고 결정하도록 해주어야 한다.

어휘력을 챙겨라

항간에 '초등학교 공부는 엄마 공부'라는 말이 있다. 엄마가 아이를 붙잡고 얼마나 공부를 시키느냐에 따라 성적이 달라진다는 이야기다. 실제로 초등학교 1, 2학년 때에는 아이를 조금만 붙잡고 공부를 시키면 성적이 쑥쑥 올라가기 때문에 엄마가 어떻게 하느냐에 따라 아이의 성적이 달라지기도 한다. 하지만 학년이 올라갈수록 공부해야 할 분량도 늘어나고 공부할 내용들도 점점 어려워지기 때문에 엄마가 붙들고 앉아서 공부를 시켜도 금방 효과가 나타나지 않는다.

학년이 올라가면서 대부분의 아이들에게 가장 필요한 것은 배경 지식과 어휘력이다. 그 중에서도 아이들의 성적을 결정하는 가장 결정적인 것이 바로 어휘력이다. 1, 2학년 때에는 대부분 아이들이 90점, 100점을 쉽게 받아온다. 엄마들도 아이들도 공부를 잘한다는 착각에 사로잡혀 방심하기 쉽다. 하지만 3학년이 되면서부터 조금씩 절망감을 맛보기 시작하는데 그 이유는 어휘력이 부족해서이다.

3학년이 되면 그전까지의 교과 체계와 달리 '사회'와 '과학'이라는 교과목이 새로 등장한다. 사회나 과학 교과목에서 개념이나 원리를 설명할 때 사용되는 낱말들은 한자어로 이루어진 경우가 많아 아이들에게 생소하기도 하고 어렵게 느껴지는 경우가 많다. 무슨 말인지도 모르는 채 수업을 듣는 아이들은 학습 내용을 거의 이해할 수 없게 된다.

한자어로 이루어진 낱말들이 많이 사용되기 시작하면서 수업 시간에 배우긴 배우는데 무슨 말을 하는지 이해하지 못하는 경우가 많아진다. 그러면 자연스럽게 공부가 점점 더 어렵게 느껴지고 힘들어진다. 당연히 성적이 뚝뚝 떨어질 수밖에 없는 악순환이 시작되는 것이다.

어휘력이 낮으면 시험에 출제되는 문제를 제대로 이해하지 못해 문제를 풀 수 없게 된다. 요즘은 문장제, 서술형 문제의 비중이 점점 높아지면서 국어는 물론 수학 과목도 어휘력이 부족하면 좋은 점수를 받을 수 없다. 아무리 계산을 잘하더라도 무엇을 구하라는 것인지, 문제에서 요구하는 것을 정확하게 이해하지 못하면 풀 수가 없다. 그렇기 때문에 시간 날 때마다 아이에게 책을 읽게 하고 기초 한자를 익히도록 해야 한다. 일상생활에서 사용하지 않는 고급 어휘들을 독서를 하면서 채울 수 있기 때문이다. 또 우리말의 70~80%는 한자어로 이루어져 있어서 한자를 모르면 짧은 글이라도 독해가 불가능하다.

학년이 올라갈수록 각 과목마다 한자어로 이루어진 용어 사용 빈도가 점점 더 많아지므로, 한자어를 매일 조금씩 익히도록 습관을 들여 주는 것이 좋다. 현행 교육 과정에서는 중학교 때 900자, 고등학교 때 900자를 배우고 있다. 가능하다면 중학교를 졸업하기 전까지 이 1,800자를 모두 익혀두어서 고등학생이 되었을 때 어휘력이 부족해서 공부하는 것이 부담스러운 일은 생기지 않도록 해주는 것이 좋다. 더불어 사자성어(고사성어)와 속담 등도 함께 익힐 수 있도록 한다.

스스로 상벌을 정하게 하라

공부는 다른 사람이 아닌 나 자신을 위해 하는 것이다. 흔히 어른들이 공부 안 하는 아이들을 향해 "공부해서 남주냐? 제발 공부 좀 해라. 이게 다 널 위해 하는 말이니 잔소리라 생각하지 말고 새겨듣고 공부 좀 열심히 해라"고 말한다. 정말 공부를 통해 얻은 머릿속 지식은 그 어느 누구도 뺏어가거나 훔쳐갈 수 없다. 오로지 나 자신만이 지닐 수 있고 나 자신을 위해서 사용할 수 있다. 물론 다른 사람을 가르치거나 다른 사람을 위해서 쓸 수 있으나 이 모든 것은 본인의 자발적인 결정에 의해서만 가능한 일이다. 그런데도 아이들은 이 말을 귓등으로 들으니 참으로 안타까운 일이다.

배우고 익히는 일, 공부하는 것은 학생으로서 당연히 해야 할 일이다. '학생'도 하나의 직업으로 분류되고 있다. 그러니 아이들은 다른 직업인들처럼 '학생'이란 직업에 걸맞은 일인 공부에 최선을 다해야 한다. 선생님이 아이들을 열심히 가르치고, 판매원이 최선을 다해 물건에 대해 설명하고 판매를 하는 것은 당연하게 여기면서 자신들이 공부해야 한다는 사실은 받아들이기 싫어한다.

그러면서 다른 직업들은 일을 하면 대개 일한 만큼 그에 상응하는 대가를 받는데 학생인 자신들은 그렇지 않다고 불공평하다고 한다. 누구는 월급(경우에 따라서 주급 또는 일급, 시급 등) 형태로 정당한 대가를 받는데 자신들에게는 아무런 대가가 없다고 항의를 한다. 자신들이 공부한 것에 걸맞은 성적을 얻는데도 공부한 대가를 얻지 못한다고 생각하는 경우가 많다. 그래서 일부 생각이 짧은 어른들이 아이들에게 대가를 지불하려고 하는 경우가 종종 있다. "이번 시험에서 100점 맞으면 엄마가 게임기 사줄게", "이번에 5급 시험 합격하면 휴대전화 새 걸로 바꿔줄게"라는 식으로 말이다.

이는 분명 잘못된 일이다. 아이들이 해야 할 일을 당연히 하는 것일 뿐인데 그에 걸맞지 않는 보상을 해주는 꼴이 된다. 단기적으로는 이런 외부에서 주어지는 보상(외적 보상)을 받기 위해 아이들이 열심히 노력하여 좋은 결과물을 얻을 수 있기 때문에 만족스러울지 모른다. 특히 어린 아이들의 경우에는 동기 부여를 해주기 때문에 적당히만 사용한다면 외적 보상을 주는 것도 그리 나쁘지는 않다. 하지만 장기적으로 이 방법을 아이들에게 자주 사용하는 것은 결코 좋지 않다. 아이들이 외적 보상에 길들여지면 어떤 일을 할 때에 그에 걸맞은 대가인 외적 보상이 따르지 않으면 아무 것도 하지 않으려고 하기 때문이다.

그러므로 아이들이 자기가 할 일을 하였을 때 가능하면 부모가 내적 보상을 얻는 것에 만족할 수 있도록 유도를 해야 한다. 시험 공부를 열심히 해서 좋은 성적을 얻었을 때 맛볼 수 있는 기쁨과 성취감, 자신감이나 그날 공부하기로 한 분량을 다 했을 때 느낄 수 있는 뿌듯함 등의 내적 보상을 아이들이 즐길 수 있도록 해주어야 한다.

그러기 위해서 아이 스스로 자신이 할 일을 정하고 그 일을 잘 지켰을 경우 스스로에게 적당한 상을 주도록 하는 것이 좋다. 좋아하는 텔레비전 프로그램을 볼 수 있게 한다든가 한 시간 동안 자전거를 타고 동네 한 바퀴를 일주할 수 있는 기쁨을 만끽할 수 있도록 하는 식의 보상을 스스로 자신에게 주도록 하는 것이 좋다. 반대로 할 일을 제대로 하지 않았을 경우 좋아하는 게임을 하루 동안 못하게 한다든가 텔레비전을 보는 대신 책 한 권을 더 읽도록 하는 식으로 자신이 생각하기에 적절한 벌도 정하게 하는 것이 좋다.

시험 계획을 스스로 세우게 하라

서울에서 교육열 높다고 소문난 동네에 사는 지인 가운데 한 분은 중학교 3학년인 아들과 두 살 터울 나는 딸을 키우고 있다. 이분의 아들은 공부를 잘한다. 전교에서 열 손가락 안에 드는 성적이어서 늘 주변 사람들로부터 부러움의 대상이 되곤 한다. 똑같이 아이를 키우는 부모 입장에서 보면 아이가 공부를 잘하는 것은 참 부러운 일이지만, 개인적으로는 그분을 보고 있으면 조금 씁쓸한 생각이 들 때가 있다.

그분은 아이들 시험 기간이 가까워지면 늘 보기 안타까울 만큼 초췌한 모습으로 모임에 나온다. 그리고 시험 기간에는 절대 만나볼 수 없다. 왜 그런가 궁금해서 이유를 물었더니 아이가 시험 기간이 되면 그분 또한 아이와 같이 시험 공부에 돌입하기 때문이라고 한다. 대학원을 다니거나 개인적으로 공부하는 것이 있는 것도 아닌데 무슨 시험 공부할 것이 있느냐고 되물었더니, 아들이 공부할 때 옆에서 같이 공부를 한다는 거였다.

그래서 아이가 공부하는 동안 엄마 또한 옆에서 격려 차원에서 책도 읽고 간식도 챙겨주고 그런가 보다 했는데 이야기를 좀 더 들어보니 그게 아니었다. 아들의 경우 평소 말을 잘 듣지 않는 편인데, 시험 보기 2~3주 전쯤 되면 이때부터는 엄마 말도 잘 듣고 고분고분해지면서 그렇게 착한 아들이 된단다. 이유는 단 하나, 성적을 잘 받고 싶은데 엄마 도움이 꼭 필요하기 때문이란다.

평소 시험 기간이 되면 지인인 엄마가 1:1로 옆에 딱 붙어 앉아서 부족한 공부를 봐줄 뿐만 아니라 기술가정(예전에는 여학생들은 가정을 배우고 남학생들은 기술을 배웠지만 요즘은 남학생·여학생 모두 기술과 가정을 같이 배운다)이나 도덕 같은 암기 과목 요약 정리까지 해준다고 한다. 그렇기 때문에 자칫 잘못 보여서 엄마를 화나게 하면 아무 것도 안 해줄까봐 무서워서 아이는 그분 표현을 빌리자면 '알아서 설설 기는 것'이란다.

뭔가 잘못 되어도 한참 잘못된 일이다. 이렇게 하면 지금 당장은 아이 성적이 잘 나오기는 하겠지만, 결코 바람직하지 않은 방법이다. 시험은 아이의 실력을 평가하기 위해 보는 것이므로 시험 공부는 엄마가 아닌 아이가 하게 해야 한다. 지금 편하고 좋다고 해서 언제까지나 엄마가 떠먹여주는 밥만 먹을 수는 없는 일이다.

공부는 아이 스스로 하게 해야 한다. 시험 기간이 다가오면 아이가 스스로 공부 계획을 짜서 그에 맞춰서 공부를 하게 해야 한다. 물론 아직 초등학생이고 저학년이라 아이를 완전히 믿고 아예 관여를 안 할 수는 없다. 아이가 시험 대비하기에 적합하다고 생각하는 방식으로 계획을 세우고 이를 실천하게 하되, 터무니없이 무리한 계획을 세운다든가 턱없이 부족한 계획을 세울 경우 옆에서 조언을 해주면 된다.

아이가 세운 시험 대비 계획이 엄마 마음에 안 들어도 "엄마 생각에 이건 참 잘했는데 이 부분이 좀 부족한 것 같네. 요건 이렇게 하는 방법도 있으니 너도 어떻게 하는 것이 좋을지 한 번 더 생각해봐" 정도로 충고하는 것으로 만족을 해야 한다. 그래야 아이가 이런 과정들을 통해 시행착오를 겪으면서 수정을 통해 좀 더 나은 방법, 좀 더 효과적인 자신만의 공부 비결을 찾을 수 있게 된다.

초등학생의 경우 시험 2주 전부터 교과서를 위주로 먼저 개념을 정리한 다음 문제집을 풀면서 확인을 하고, 남은 시간 동안 틀린 문제를 중심으로 마무리하게 하는 것이 좋다. 물론 이는 아이가 그날그날 복습을 충실히 하고 있을 경우를 전제로 하는 것이다.

요즘에는 교육 정책이 바뀌어서 예전처럼 중간고사, 기말고사와 같이 정기적으로 시험을 치지 않는 학교가 늘고 있다. 정기고사 대신 수시로 단원 평가, 쪽지시험 등을 통해 아이들 학업 상태를 점검하는 학교가 점점 많아지고 있기 때문에 주변 여건에 맞춰 계획을 세워야 한다.

교과 연계 도서를 미리미리 챙겨 읽게 하라

아이가 공부를 잘하길 원한다면 이제부터는 교과서를 그림책을 보듯이 펼쳐놓고 보도록 하는 것이 좋다. 교과서에 나오는 그림이나 사진을 보면서 무엇에 대한 것인지, 표나 그래프를 통해서 무슨 이야기를 하고 싶은지를 생각해보게 하는 것이 좋다. 재미난 활동이나 실험 같은 것들은 미리 한 번씩 해봄으로써 아이에게 다음 학기에 배울 내용들에 대한 흥미를 갖게 하는 것도 좋다. 관련 책을 구입해서 읽어보면서 교과서에서 다루고 있는 내용을 다시 한 번 확인하게 하고 교과서에서 다루지 않는 내용들을 보면서 자연스럽게 심화학습을 할 수 있다.

교과 연계 도서에 대한 정보는 대부분 교과서 뒷부분에 수록이 되어 있다. 친절하게도 원작과 그에 따른 작가 및 출판사에 대한 정보를 모두 실어놓고 있다. 방학 동안 원작을 미리 한 번 읽어보게 하는 것은 그에 대한 배경 지식을 쌓을 수 있어 예습 효과가 있다. 원작의 참맛을 즐길 수 있도록 하는 효과도 있다. 교과서 속 작품은 아무래도 교육적인 목적을 갖고 접근하기 때문에 학습 목표에 맞게 각색될 수 있다. 아무런 편견이나 선입견 없이 작품 본래의 모습 그대로 느낄 수 있게 한다는 것은 장기적으로 볼 때 독서에 대한 흥미를 갖게 할 수 있다. 학교에서 수업 시간에 교과서 속 작품을 처음 접하면서 선생님이 가르쳐주시는 대로만 배운다면 그 틀에서 벗어나 창의적으로 생각하거나 다각도에서 바라보기가 힘들어진다.

원작을 읽은 다음에는 교과서에 실린 작품과 비교를 하면서 어떤 부분이 달라졌을지 찾아보게 해도 좋다. 교과서 집필진들은 그 작품을 통해 아이들에게 어떤 것을 가르치려고 하는지 학습 목표를 보면서 찾아보게 해도 좋다. 원작을 왜 그렇게 각색을 했을지 생각해보게 하는 것도 학습 효과가 더 크다.

개학을 한 다음에도 교과 연계 도서를 다시 한 번 읽히는 것이 좋다. 학교 진도보다 약간 빨리 대개 일주일 정도 앞서서 다시 읽히면 방학 때 보았던 기억을 되살리면서 배경 지식을 다질 수 있다. 학습에 대한 흥미를 유발함과 더불어 수업 시간에 자신 있게 임할 수 있도록 하는 예습 효과도 얻을 수 있다.

학습일기를 쓰게 하라

몇 해 전 학생인권이 침해된다는 이유로 대부분의 학교에서 일기 검사를 권하지 않고 있다. 덕분에 지금은 일기 검사는 담임선생님의 재량권이어서 전처럼 일기 쓰기를 열심히 권하지 않는다. 선생님들은 번거롭고 귀찮은 업무 하나가 줄어서 좋고, 아이들은 하기 싫고 부담스러운 숙제가 하나 줄어들어서 좋다고들 한다. 그래서 일선 학교에는 매일매일 일기를 쓰기보다는 일주일에 한두 번, 많으면 두세 번 쓰도록 권하는 경우가 많다.

실상이 이러한데 일상 생활일기도 아닌 학습일기를 쓰라고 하면 부담스러워하면서 시작조차 하지 않을까 걱정이 앞서긴 하지만 그래도 간단하게라도 학습일기를 쓰게 해야 한다. 제대로 효과를 보기 위해서는 일주일에 한두 번 써서는 안 된다. 매일매일 꾸준히 쓰면서 자신의 상태를 점검하고 수정, 보완해나갈 수 있도록 해야 한다.

　학습일기를 각각의 개성에 맞게 조금씩 다른 형식을 취하고 있지만 신기하리만치 거의 대부분의 '공신'들이 학습일기를 매일매일 썼다. 학습일기를 쓰면서 그날그날 자신들이 어느 과목을 얼마만큼 공부를 했는지를 점검하고 기록하였다. 그러면서 계획했던 대로 실천을 했는지 아닌지를 점검하고, 실천 여부에 따라 잘잘못의 원인을 분석하여 다음날 공부할 때 이를 반영하였다. 좋은 점은 그대로 적용하거나 조금 더 나은 형태로 발전시켜 적용하고, 아쉽거나 부족한 점, 좋지 않은 점은 없애거나 수정·보완을 해서 적용시킴으로써 효과를 증진시켜나갔다.

　학습일기는 매일 쓰는 것을 원칙으로 하고, 잠자리에 들기 전 또는 아침에 하루 일과를 시작하기 전 학습 계획을 세우도록 하는 것이 좋다. 우선 날짜를 쓴 다음 수시로 자신의 마음을 가다듬을 수 있도록 각오를 새롭게 다지는 데 도움이 되는 문구를 쓰도록 한다. 그러고 나서 그날 하루 동안 공부해야 할 과목과 분량, 공부하는 데 소요될 것으로 예상되는 시간 등을 상세하게 기록하게 한다. 하루 일과를 진행하면서 실천 여부를 계획 옆에 표시하도록 하여 바로바로 작은 성취감들을 맛보게 하고, 하루 일과를 마쳤을 때 전체적으로 점수를 매겨 보게 한다. 자기 자신에게 100점 만점에 몇 점을 줄 수 있는지 점수를 매겨봄으로써 스스로를 반성하거나 칭찬하면서 내적 보상을 받을 수 있도록 한다.

<mark>일하는 엄마의</mark> 아이습관 챙기기 조언

1. 규칙적인 수면 습관을 갖게 하라.

2. 미루지 말고 바로 하게 하라.

3. 취미생활을 갖게 하라.

4. 자기 일은 스스로 하게 하라.

5. 실패를 통해 배우게 하라.

6. 정리하는 습관을 기르게 하라.

7. 매일 밤 자기 전 내일 할 일의 목록을 작성하게 하라.

8. 매일 책을 읽게 하라.

9. 학습 계획을 세우게 하라.

10. 백과사전을 보는 습관을 들이게 하라.

11. 잘난 척할 기회를 만들어주라.

12. 꿈의 목록을 작성하게 하라.

13. 체험활동을 통해 진로탐색의 기회를 주라.

14. 그날 배운 것은 그날 복습하게 하라.

15. 매일 규칙적으로 공부하는 습관을 들이게 하라.

16. 교과 연계 도서를 미리 챙겨 읽게 하라.

17. 학습일기를 쓰게 하라.

Epilogue

　나름 교육적 주관을 갖고 산다고는 하지만 저도 사람인지라 가끔씩은 '과연 아이를 이렇게 키우는 게 맞을까?' 하는 의구심이 들면서 흔들리곤 합니다. 그럴 때마다 '엄마가 열심히 사는 모습을 보여주는 것만으로도 아이들에겐 좋은 교육이 될 거야. 엄마라고 해서 꼭 집에서 아이만 바라보고 있는 게 최선은 아닐 테니까'라며 스스로를 다독여 왔습니다.

　아이들이 아프거나 예기치 못한 일들로 인하여 힘이 들 때마다 '괜히 아이들 고생시키면서 내 만족을 위해 일하고 있는 건 아닐까? 이럴 바에야 차라리 아이들에게 전념할 수 있게 일을 그만 두는 게 낫지 않을까?' 하는 자괴감에 종종 빠지곤 합니다. 그때마다 "지금 당장 아이를 위한다고 생각하는 일을 하려고 하기보다는 먼 훗날 아이가 어른이 되었을 때 도움 되는 일을 하려고 하는 게 더 나은 일이야."라며 조급한 마음을 달래곤 했습니다.

그렇게 이십여 년에 가까운 시간들을 위태위태하게 보냈지만, 저는 다시 아이를 낳고 일을 할까 말까 고민하는 시기로 돌아간다고 해도 지금처럼 일하는 엄마의 길을 선택할 것입니다. 뒤돌아보면 힘들긴 했지만 결코 후회스럽지 않은 시간들이었고, 나름 잘 살아왔다 생각하고 있기 때문입니다. 어떻게 그렇게 자신 있게 말하느냐 물으신다면 딸아이가 몇 달 전 제 귀빠진 날 들려준 이야기로 대신 답을 할까 합니다.

"엄마, 고마워요. 어릴 땐 집에서 간식도 챙겨주고 실내화도 빨아주고 그런 엄마들이 참 부러웠어요. 그런데 지금 이렇게 커서 생각해보니까 엄마가 오히려 더 잘 하신 것 같아요. 솔직히 철없을 땐 과일도 한 번에 먹을 수 있게 잘라서 주는 친구 엄마들 보면서 엄마가 동화 속에 나오는 계모처럼 느껴졌었어요.
그런데 중학생을 거쳐, 고등학생이 되어서 친구들 보니까 그런 친구들은 혼자서 라면도 못 끓여 먹더라고요. 교복이 더러워도 엄마가 안 빨아주면 더럽다고 신경질만 내지 자기가 빨아서 입을 생각은 안 하고요. 그런데 전 엄마가 어릴 때부터 실내화 빠는 것부터 간단한 요리하는 거, 방 청소하는 거를 다 시키셨잖아요.

270

힘들어서 속으로 불평불만도 많이 하고 짜증도 냈었는데 지금은 알겠어요. 그 덕분에 지금 저는 언제 어디 가든 저 혼자서도 잘 살 수 있을 거 같아요. 엄마아빠 도움 없이도 웬만한 문제는 어느 정도 제 힘으로 헤쳐나갈 수 있을 자신이 있어요. 감사해요. 화초처럼 키우지 않고 잡초처럼 키워주셔서."

흔히들 이야기하곤 합니다. '두 마리 토끼는 못 잡는다'고. 하지만 아이가 어릴 때 조금만 신경 써서 노력하면, 힘들더라도 엄마가 조금만 참고 습관이 될 때까지만 도와주면 두 마리 토끼 잡을 수 있습니다. 일하면서도 우리 아이를 남들처럼 잘 키울 수 있다고 믿습니다. 그런 의미에서 아이를 키우는 엄마이자 또 한 명의 일하는 엄마인 제가 오늘도 묵묵히 자기 자리에서 열심히 생활하고 있는 엄마들을 응원합니다. 일하는 엄마들, 힘내세요!

초등 아이를 위한
워킹맘의 야무진 교육법

초판 1쇄 발행 2013년 7월 25일

지은이 임명남
펴낸이 이지은 **펴낸곳** 팜파스
편집 정은아
디자인 조성미 **마케팅** 정우룡
인쇄 (주)미광원색사

출판등록 2002년 12월 30일 제 10-2536호
주소 서울시 마포구 서교동 404-26 팜파스빌딩 2층
대표전화 02-335-3681 **팩스** 02-335-3743
홈페이지 www.pampasbook.com | blog.naver.com/pampasbook
이메일 pampas@pampasbook.com

값 13,000원
ISBN 978-89-98537-14-2 (13590)

이 도서의 국립중앙도서관 출판시도서목록(CIP)은 서지정보유통지원시스템 홈페이지(http://seoji.nl.go.kr)와 국가자료공동목록시스템(http://www.nl.go.kr/kolisnet)에서 이용하실 수 있습니다.(CIP제어번호: CIP2013010655)